普通高等教育计算机类专业教材

网页设计与制作

主　编　温凯峰　叶仕通

副主编　万智萍　郭其标　周汉达　邓文锋

中国水利水电出版社

www.waterpub.com.cn

·北京·

内 容 提 要

本书本着"面向应用，加强基础，普及技术，注重融合，因材施教"的教育理念，根据教育部高等学校非计算机专业基础课程教学指导分委员会提出的"网页制作"教学大纲编写而成。通过本书的学习读者可全面了解小型网站的制作流程和开发方法，熟练掌握静态网页的设计技能。本书共 14 章：初识 Dreamweaver 2021、HTML 的基础知识、网页的基本操作、超链接的应用、网页中表格的应用、层叠样式表 CSS、Div+ CSS、模板和库的使用、表单的应用、行为的应用、jQuery 特效的使用、设计动态网页、网站制作综合实例一和网站制作综合实例二。

本书内容丰富，结构合理，图文并茂，通俗易懂。在介绍基础知识、基本原理和基本方法的同时，通过案例教学的方式让学生在实践中学会网页制作方法，提高计算机应用能力。

本书可作为高等院校相关专业"网页制作"课程的教材，也可作为网页制作培训班的培训教材和网页设计爱好者的参考书。

图书在版编目（Ｃ Ｉ Ｐ）数据

网页设计与制作 / 温凯峰，叶仕通主编. -- 北京 :
中国水利水电出版社，2022.8
普通高等教育计算机类专业教材
ISBN 978-7-5226-0806-8

Ⅰ．①网… Ⅱ．①温… ②叶… Ⅲ．①网页制作工具
－高等学校－教材 Ⅳ．①TP393.092.2

中国版本图书馆CIP数据核字(2022)第110242号

策划编辑：陈红华　　责任编辑：陈红华　　加工编辑：白绍昀　　封面设计：梁 燕

书　　名	普通高等教育计算机类专业教材 网页设计与制作 WANGYE SHEJI YU ZHIZUO
作　　者	主 编　温凯峰　叶仕通 副主编　万智萍　郭其标　周汉达　邓文锋
出版发行	中国水利水电出版社 （北京市海淀区玉渊潭南路 1 号 D 座　100038） 网址：www.waterpub.com.cn E-mail：mchannel@263.net（万水） 　　　　 sales@mwr.gov.cn 电话：（010）68545888（营销中心）、82562819（万水）
经　　售	北京科水图书销售有限公司 电话：（010）68545874、63202643 全国各地新华书店和相关出版物销售网点
排　　版	北京万水电子信息有限公司
印　　刷	三河市德贤弘印务有限公司
规　　格	184mm×260mm　　16 开本　　19 印张　　474 千字
版　　次	2022 年 8 月第 1 版　　2022 年 8 月第 1 次印刷
印　　数	0001—3000 册
定　　价	52.00 元

前　　言

随着互联网不断普及和发展，人们的学习、工作、生活已经离不开它，因此掌握一定的互联网应用知识和技能成为现代大学生的基本素养。网页是互联网最重要的载体，学习网页设计与网站建设技术是学生深入了解互联网信息呈现方式和提高自己信息技术素养的一种途径。同时，教育部高等学校非计算机专业计算机基础课程教学指导分委员会提出的《关于进一步加强高等学校计算机基础教学的意见》对高等学校计算机基础教育的教学内容提出了更新、更高、更具体的要求，使得计算机基础教育开始步入更加科学、更加合理、更加符合 21 世纪高等学校人才培养目标且更具大学教育特征和专业特征的新阶段。

Dreamweaver 2021 是 Adobe 公司推出的一款集网页制作和网站管理于一身的网页编辑器，不仅可以帮助不同层次的用户快捷设计网页，而且可以使用 ASP 等服务器语言为网站服务，在网页设计与制作和网站开发领域占据非常重要的地位，深受网页开发设计人员的青睐。

本书从实用技能出发，采用零基础、入门级的讲解方式，系统全面地介绍了 Dreamweaver 2021 的相关功能和操作方法，并以案例贯穿整个讲解过程，做到图文并茂、通俗易懂，使读者轻松运用 Dreamweaver 2021 来高效地开发网站。本书由温凯峰（负责全书审阅定稿工作）、叶仕通任主编，万智萍、郭其标、周汉达、邓文锋任副主编。具体编写分工如下：第 1 章至第 3 章、第 13 章和第 14 章由温凯峰、叶仕通编写，第 4 章、第 5 章、第 9 章、第 10 章由郭其标、万智萍编写，第 6 章至第 8 章由周汉达编写，第 11 章和第 12 章由邓文锋编写。

在本书编写过程中参阅了网页设计方面的教材，借鉴、吸收了国内外专家学者的成果，在此一并表示感谢。由于编者水平有限，加之时间仓促，书中疏漏甚至错误之处在所难免，恳请读者批评指正。

编　者
2022 年 5 月

目　　录

前言

第 1 章　初识 Dreamweaver 2021 ……… 1
1.1　网页设计基础知识 ……………………… 1
1.1.1　相关概念 ………………………… 1
1.1.2　网页的页面元素 ……………… 7
1.1.3　网站的建设流程 ……………… 10
1.2　走进 Dreamweaver 2021 …………… 15
1.2.1　安装 Dreamweaver 2021 ……… 15
1.2.2　启动 Dreamweaver 2021 ……… 16
1.2.3　退出 Dreamweaver 2021 ……… 17
1.2.4　Dreamweaver 2021 的工作环境 ……… 18
1.2.5　Dreamweaver 2021 的新特性 ……… 22
第 2 章　HTML 的基础知识 ……………… 24
2.1　HTML 基本概念 ……………………… 24
2.2　HTML 基本结构 ……………………… 24
2.2.1　基本结构 ………………………… 26
2.2.2　标记和属性 …………………… 26
2.2.3　基本标记 ………………………… 27
2.2.4　页面格式标记 …………………… 29
2.2.5　文本标记 ………………………… 31
2.2.6　图像标记 ………………………… 32
2.2.7　表格标记 ………………………… 33
2.2.8　链接标记 ………………………… 34
2.2.9　表单标记 ………………………… 35
2.2.10　其他标记 ……………………… 37
2.3　HTML5 基本用法 …………………… 38
2.3.1　HTML5 的语法变化 …………… 38
2.3.2　HTML5 的标记方法 …………… 39
2.3.3　HTML5 的新增元素 …………… 39
第 3 章　网页的基本操作 ………………… 43
3.1　创建和管理站点 ……………………… 43
3.1.1　站点概述 ………………………… 43
3.1.2　创建本地站点 …………………… 44
3.1.3　创建远程站点 …………………… 46

3.1.4　管理站点 ………………………… 49
3.1.5　操作站点文件和文件夹 ……… 54
3.2　网页建设 ……………………………… 56
3.2.1　新建网页 ………………………… 56
3.2.2　保存网页 ………………………… 58
3.2.3　打开网页 ………………………… 59
3.2.4　预览网页 ………………………… 61
3.2.5　关闭网页 ………………………… 62
3.2.6　设置页面属性 …………………… 63
3.3　网页中的文本 ………………………… 69
3.3.1　录入文本 ………………………… 70
3.3.2　编辑文本 ………………………… 74
3.4　美化网页 ……………………………… 86
3.4.1　网页常用的图像格式 ………… 86
3.4.2　插入图像 ………………………… 87
3.4.3　设置图像属性 …………………… 87
3.4.4　插入鼠标经过图像 …………… 89
3.5　多媒体网页制作 ……………………… 94
3.5.1　插入声音 ………………………… 94
3.5.2　插入视频 ………………………… 98
3.5.3　插入 Flash 元素 ……………… 102
第 4 章　超链接的应用 …………………… 108
4.1　了解超链接 …………………………… 108
4.2　创建超链接 …………………………… 109
4.2.1　创建文本超链接 ……………… 109
4.2.2　创建图像超链接 ……………… 110
4.2.3　创建空链接 …………………… 112
4.2.4　创建电子邮件链接 …………… 112
4.2.5　创建锚记链接 ………………… 113
4.2.6　创建下载文件链接 …………… 114
4.2.7　创建脚本链接 ………………… 114
4.3　实例 …………………………………… 116
4.3.1　实例 1——创建图像热点链接 ……… 116

4.3.2　实例 2——创建锚记链接 ·········· 120

4.3.3　实例 3——创建空链接、电子邮件

链接、下载文件链接和脚本链接 ··· 121

第 5 章　网页中表格的应用 ·········· 124

5.1　创建表格 ················· 124

5.2　添加内容到单元格 ··········· 126

5.2.1　输入文字 ············· 126

5.2.2　嵌套表格 ············· 127

5.2.3　插入图像 ············· 127

5.3　选择和编辑表格 ············· 127

5.3.1　选定表格及单元格 ······· 127

5.3.2　插入行或列 ··········· 130

5.3.3　删除行或列 ··········· 134

5.3.4　合并单元格 ··········· 134

5.3.5　拆分单元格 ··········· 135

5.3.6　复制、剪切和粘贴单元格 ··· 136

5.3.7　设置表格属性 ········· 137

5.3.8　设置单元格属性 ········· 137

5.3.9　设置行或列属性 ········· 138

5.3.10　调整表格大小 ········· 138

5.4　表格的高级操作 ············· 139

5.4.1　对表格数据排序 ········· 139

5.4.2　导入表格数据 ········· 140

5.4.3　导出表格数据 ········· 141

5.5　实例——应用表格布局网页 ····· 142

第 6 章　层叠样式表 CSS ·········· 145

6.1　CSS 概述 ················· 145

6.2　CSS 的基本语法规则 ·········· 146

6.3　选择器 ·················· 147

6.3.1　派生选择器 ··········· 147

6.3.2　ID 选择器 ············· 149

6.3.3　类选择器 ············· 149

6.3.4　复合内容选择器 ········· 149

6.4　CSS 样式的存放位置 ········· 149

6.4.1　保存在文档内部 ········· 150

6.4.2　保存在外部 CSS 文件中 ····· 150

6.5　CSS 样式的分类 ············· 151

6.5.1　根据 CSS 的保存位置分类 ··· 151

6.5.2　根据选择器的类型分类 ····· 151

6.6　CSS 样式的创建及应用 ········· 151

6.6.1　"CSS 设计器"面板 ········· 151

6.6.2　内部 CSS 样式的创建及应用 ··· 153

6.6.3　外部 CSS 样式的创建及应用 ··· 161

6.7　CSS 属性 ················· 167

6.7.1　布局属性 ············· 167

6.7.2　文本属性 ············· 169

6.7.3　边框属性 ············· 169

6.7.4　背景属性 ············· 169

第 7 章　Div+CSS ·········· 171

7.1　创建 Div 标签 ············· 171

7.2　设置 Div 标签 ············· 172

7.3　Div+CSS 布局 ············· 173

7.3.1　盒子模型 ············· 173

7.3.2　Div 相关的属性 ········· 174

第 8 章　模板和库的使用 ·········· 180

8.1　模板 ··················· 180

8.1.1　创建模板 ············· 180

8.1.2　创建模板的可编辑区域 ····· 182

8.1.3　应用模板 ············· 184

8.1.4　管理模板 ············· 186

8.2　库 ···················· 187

8.2.1　创建库项目 ··········· 187

8.2.2　编辑库项目 ··········· 187

8.2.3　应用库项目 ··········· 188

8.3　实例——制作学校网站模板 ····· 189

第 9 章　表单的应用 ·········· 191

9.1　认识表单 ················· 191

9.1.1　表单的概念 ··········· 191

9.1.2　表单对象的概念 ········· 191

9.2　创建表单 ················· 192

9.2.1　插入表单域 ··········· 192

9.2.2　设置表单属性 ········· 193

9.3　插入表单对象 ············· 193

9.3.1　插入文本域 ··········· 193

9.3.2　插入复选框或复选框组 ····· 195

9.3.3　插入单选按钮 ········· 195

9.3.4　插入列表和菜单 ········· 196

9.3.5　插入按钮和图像按钮 ········· 197

9.3.6　插入隐藏域和文件域 ················· 198

9.3.7　插入 HTML5 表单元素 ··········· 199

9.4　实例——制作在线调查表 ············· 199

第 10 章　行为的应用 ······················· 203

10.1　认识行为 ······················· 203

10.2　应用行为 ······················· 204

10.2.1　添加行为 ····················· 204

10.2.2　编辑行为 ····················· 205

10.3　常用事件 ······················· 206

10.4　标准动作 ······················· 207

10.4.1　交换图像 ····················· 207

10.4.2　弹出信息 ····················· 208

10.4.3　打开浏览器窗口 ············· 209

10.4.4　调用 JavaScript ············· 210

10.4.5　检查插件 ····················· 210

10.4.6　转到 URL ····················211

10.4.7　预先载入图像 ··············· 212

10.4.8　设置文本 ····················· 213

10.4.9　显示-隐藏元素 ··············· 215

10.4.10　改变属性 ··················· 215

10.4.11　检查表单 ··················· 216

10.4.12　跳转菜单 ··················· 217

10.5　实例 ··························· 218

10.5.1　实例 1——跳转菜单 ········· 218

10.5.2　实例 2——弹出信息 ········· 219

10.5.3　实例 3——关闭网页 ········· 219

第 11 章　使用 jQuery 特效 ··············· 221

11.1　认识 jQuery ··················· 221

11.2　jQuery 的特点 ··············· 221

11.3　jQuery 特效的使用 ··········· 222

11.3.1　内置 jQuery 效果的使用步骤 ······· 222

11.3.2　内置 jQuery 效果的功能介绍 ····· 224

11.4　实例 ··························· 226

11.4.1　百叶窗特效 ··················· 226

11.4.2　高亮特效 ····················· 227

11.4.3　弹跳特效 ····················· 229

11.4.4　摇晃特效 ····················· 231

11.4.5　剪辑特效 ····················· 233

11.4.6　滑动特效 ····················· 234

第 12 章　设计动态网页 ··················· 237

12.1　认识动态网页 ················· 237

12.2　搭建服务器环境 ··············· 238

12.2.1　安装 IIS ····················· 238

12.2.2　配置 IIS ····················· 241

12.2.3　定义用户权限 ··············· 246

12.2.4　设置应用池 ··················· 248

12.2.5　配置 ASP 应用程序 ········· 249

12.3　创建数据库 ··················· 251

12.3.1　创建数据库表 ··············· 251

12.3.2　启用 sa 账号和更改身份验证模式 ·· 254

12.3.3　编辑数据库表 ··············· 259

12.4　创建本地源数据库 ··········· 260

12.5　创建动态网页 ················· 262

12.5.1　新建站点 ····················· 262

12.5.2　新建网页 ····················· 264

12.5.3　添加"服务器行为"和"数据库"
面板 ····························· 267

12.5.4　连接数据库 ··················· 268

12.5.5　制作登录页面 ··············· 270

12.5.6　制作重新登录页面 ········· 273

第 13 章　网站制作综合实例（一）···· 275

13.1　建站分析 ······················· 276

13.2　建站步骤 ······················· 276

第 14 章　网站制作综合实例（二）···· 290

14.1　建站分析 ······················· 290

14.2　建站步骤 ······················· 291

14.2.1　建站 ··························· 291

14.2.2　创建网页文档和 CSS 样式表文件 ·· 291

14.2.3　制作网页的顶部 ············· 292

14.2.4　制作网页的主体部分 ········· 293

14.2.5　制作网页的底部 ············· 295

参考文献 ······························· 298

第 1 章　初识 Dreamweaver 2021

本章主要介绍网页的基础知识、相关概念、设计原则及 Dreamweaver 2021 的工作界面和新特性，为后续网页设计的学习做准备。

- 掌握网页相关概念：网站、首页、服务器/客户机、URL。
- 了解网页设计的原则。
- 了解 Dreamweaver 2021 的工作界面和新特性。

1.1　网页设计基础知识

随着互联网的飞速发展，内容丰富、形式多样、风格鲜明的各种网站不断涌现，网页设计和制作技术也越来越受到人们的关注。网站是如何建立和发布的？制作一个好的网站需要掌握哪些计算机技术？在学习网页设计和网站开发之前，先来了解一下网页和网站的相关概念。

1.1.1　相关概念

1. 网页

网页是浏览因特网时看到的一个个页面，是构成网站的基本元素。网页其实是把文字、图形、声音、动画等各种多媒体信息相互链接起来的一个文档，通常是 HTML 格式（文件扩展名为.html、.htm、.asp、.aspx、.php、.jsp 等）。

网页中最常见的元素是文字和图片，你可以简单地理解为：文字，就是网页的内容；图片，就是网页的美化。除此之外，网页的元素还包括动画、音乐、视频、程序等，这些元素通过链接实现与其他网页或网站的关联和跳转。网页不是把这些元素进行简单的堆积，而是需要通过各种设计与技术使其更加有效地展示在用户面前。

在网站设计中，纯粹 HTML（标准通用标记语言下的一个应用）格式的网页通常被称为"静态网页"，静态网页是标准的 HTML 文件，文件扩展名为.htm、.html，可以包含文本、图像、声音、Flash 动画、客户端脚本、ActiveX 控件和 Java 小程序等，如图 1-1 所示。静态网页是网站建设的基础，早期的网站一般都是由静态网页制作的。静态网页是相对于动态网页而言的，指没有后台数据库、不含程序和不可交互的网页。由于静态网页更新比较麻烦，因此它更适用于更新较少的展示型网站。静态网页也可以有动态效果，如 GIF 格式的动画、Flash 动画、滚动字幕等。但这些动态效果只是视觉上的，与动态网页是完全不同的概念。动态网页是指采用了动态网站技术且可交互的网页，能够实现对网站内容和风格的高效、动态和交互式的管理，其文件扩展名通常是.aspx、.asp、.jsp、.php、.perl、.cgi 等，如图 1-2 所示。

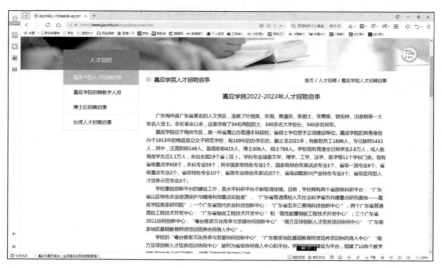

图 1-1　静态网页示例

图 1-2　动态网页示例

2. 网站

网站（Website）是发布在网络服务器上由一系列网页文件构成的，为访问者提供信息和服务的网页集合。一个完整的网站是由首页和若干个独立的网页（也称内页或子页）组成的，网站与网页是包含与被包含的关系。在设计网站时，设计者首先需要规划网站的结构，再依据结构要求制作出呈现不同内容的网页，最后通过超链接将网页链接在一起组成网站。

网站首页（home page）是一个网站的入口网页，故往往会被设计成易于了解该网站全貌或风格的样式，并引导用户浏览网站其他部分的内容。它是一个单独的网页，和一般网页一样，可以存放各种信息，同时又是一个特殊的网页，是整个网站的起始点和汇总点。例如，当浏览者输入网易网站的地址 www.163.com 并按 Enter 键后出现的网页就是网易网站的首页，如图 1-3 所示。

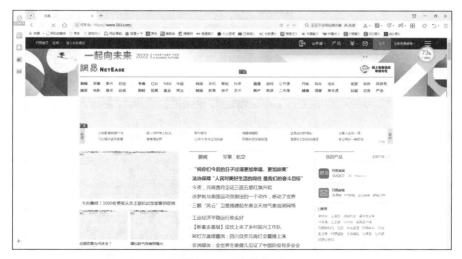

图 1-3　网易的首页

互联网上的网站数量繁多，浩如烟海。有综合门户网站，内容丰富，结构庞大，如新浪、网易、搜狐等；有企业网站，内容相对简洁；有搜索类网站，供用户搜索信息，如百度、必应等。下面介绍几种常见的网站类型。

（1）综合门户网站。综合门户网站是综合型网站，为用户提供新闻、免费邮箱、搜索引擎、聊天室、影音资讯、电子商务、网络社区、网络游戏、免费网页等多种服务。在中国，典型的综合门户网站有搜狐、新浪、网易、腾讯和天涯等，如图 1-4 所示为综合门户网站搜狐的首页。

图 1-4　综合门户网站搜狐的首页

（2）电子商务网站。电子商务通常是指在全球各地广泛的商业贸易活动中，在因特网开放的网络环境下，基于浏览器/服务器应用方式，买卖双方不谋面地进行各种商贸活动，实现消费者的网上购物、商户之间的网上交易、在线电子支付和综合服务活动的一种新型的商业运营模式。各国政府、学者、企业界人士根据自己所处的地位和对电子商务参与的角度和程度的不同给出了许多不同的定义。电子商务分为 ABC、B2B、B2C、C2C、B2M、M2C、B2A（即 B2G）、C2A（即 C2G）、O2O 等。简单点说，电子商务网站就是为浏览者搭建起一个网络平台，将网络信息、商品、物流与资金结合起来，从而实现商务活动的网站，如图 1-5 所示为淘宝网。

图 1-5　电子商务网站示例——淘宝网

（3）娱乐游戏网站。娱乐游戏网站大多是以提供娱乐信息和流行音乐为主的网站，具有很强的时效性，要求提供丰富的信息，如图 1-6 所示为抖音网。

图 1-6　娱乐游戏网站示例——抖音网

（4）政府网站。政府网站，即一级政府在各部门的信息化建设基础之上，建立起跨部门的、综合的业务应用系统，使公民、企业与政府工作人员都能快速便捷地接入所有相关政府部门的政务信息与业务应用,并获得个性化服务,使合适的人能够在恰当的时间获得恰当的服务。但是，由于政府职能的巨大差异，中央政府门户网站和地方政府（特别是地级市政府）门户网站在具体功能、体系结构及业务流程等方面存在着很大差异。就具体功能来说，中央政府门户网站主要是向全社会甚至是世界宣传和展示中国政府形象,让人们能够对中央政府的基本情况有切实的理解和认识;向公众提供全面、系统、权威、详实的法律、法规、部门规章以及规范性政府文件及其准确的解读和分析等,让社会有法可依。中央门户网站还向人们提供接入所有中央政府机构和省级地方政府的平台和通道;根据特定内容,向公众提供专门的服务。而地方政府门户网站的主要功能是直接面向本地社会公众处理与人们密切相关的事务,为提高政府行政效率、改善地方经济社会发展环境搭建虚拟平台。如图 1-7 所示为广东省人民政府网站。

图 1-7　广东省人民政府网站

　　(5)企业网站。企业网站是企业在互联网上进行网络营销和形象宣传的平台,相当于企业的网络名片,不但可以宣传企业形象,还可以辅助企业的销售。企业不但可以通过网络直接实现产品的销售,还可以利用网站来进行产品宣传、产品资讯发布、招聘等。制作企业网站时应注重浏览者的视觉体验,加强客户服务,完善网络业务,吸引潜在客户关注。如图 1-8 所示为中国移动的企业网站。

图 1-8　中国移动的企业网站

（6）个人网站。个人网站是以个人名义开发创建的具有较强个性的网站，一般是个人为了兴趣爱好或展现个人等目的而创建的，具有较强的个性化特色，带有很明显的个人色彩，内容、风格、样式上都形色各异，如图1-9所示。

图1-9　个人网站示例

3．Internet

Internet，中文译名为"因特网"或"国际互联网"，是利用通信线路和通信设备，将世界各地的计算机网络、主机和个人计算机互相连接起来，在网络协议控制下所构成的互联网系统。世界上任何的计算机系统和网络，只要遵守共同的网络通信协议TCP/IP，都可以连接到Internet上。Internet拥有数十亿个用户，而且用户数还在以惊人的速度增长。Internet实现了全球信息资源共享，如信息查询、文件传输、远程登录、电子邮件等，成为推动社会信息化的主要工具，对人类社会产生了深刻的影响。

4．万维网（WWW）

WWW是环球信息网（World Wide Web）的缩写，也可以简称为Web，中文名为"万维网"，是一个以Internet为基础的计算机网络，允许用户在任何一台计算机上通过Internet获取其他计算机上的资源。从技术角度上说，环球信息网是Internet上那些支持WWW协议和超文本传输协议（Hyper Text Transport Protocol，HTTP）的客户机与服务器的集合，通过它可以存取世界各地的超媒体文件，包括文字、图形、声音、动画、资料库及各式各样的软件。

5．HTTP

HTTP（Hyper Text Transfer Protocol，超文本传输协议）是互联网上应用最为广泛的一种网络协议，用于从WWW服务器传输超文本到本地浏览器的传输协议。它可以使浏览器更加高效，减少网络传输。它不仅保证计算机正确快速地传输超文本文档，还确定传输文档中的哪一部分，以及哪部分内容首先显示（如文本先于图形）等。

6．URL

URL（Uniform Resource Locator，统一资源定位符）是对可以从互联网上得到的资源的位置和访问方法的一种简洁的表示，是互联网上标准资源的地址。互联网上的每个文件都有一个唯一的 URL，它包含的信息指出文件的位置以及浏览器处理它的方式。

7. 浏览器

浏览器是用户最常使用的一种软件，主要用于查看网页的内容。通过浏览器，可以显示网页服务器或者文件系统的 HTML 文件（标准通用标记语言的一个应用）内容，并让用户与这些文件进行交互。目前常用的浏览器是有 Internet Explorer、Safari、QQ 浏览器、360 浏览器、Firefox、Opera、Google Chrome、百度浏览器、搜狗浏览器、猎豹浏览器、UC 浏览器、傲游浏览器、世界之窗浏览器等。

8. HTML

HTML（Hyper Text Markup Language，超文本标记语言），是目前网络上应用最为广泛的语言，也是设计制作网页文件的主要语言。"超文本"就是指页面内可以包含图片、链接、音乐、程序等非文字元素。我们在浏览网页时看到的丰富的文字、图片、视频等内容都是通过浏览器解析 HTML 语言表现出来的。HTML 语言只需要用写字板、记事本等文本编辑工具就可以编写，通过标记和属性对文字、图形、动画、声音、表格、链接等进行全面描述，它是一种描述性标记语言，用来创建与系统平台无关的文档，其文件格式是 HTML 或 HTM文件。

9. IP 地址与域名

IP（Internet Protocol，互联网协议），是为计算机网络相互连接进行通信而设计的协议，是计算机在 Internet 上进行相互通信时应当遵守的规则。IP 地址是 Internet 上的每台计算机和其他设备被分配的一个唯一地址。

域名类似于 Internet 上的门牌号，是用于识别和定位互联网上的计算机的层次结构式字符标识，与该计算机的 IP 地址相对应。相对于 IP 地址而言，域名更便于使用者理解和记忆。

10. 服务器/客户机

网站及网页的信息是存放在服务器上的，服务器的作用是管理大量的资源，并为多种用户提供服务。

服务器的种类很多，典型的有提供文件存储和供用户访问的文件服务器、用于提供数据索引和查询的数据库服务器、各种基于互联网服务的应用服务器（如网页服务器、邮件服务器、FTP 服务器、域名服务器、代理服务器等）。在网页设计中，通常所说的服务器指的是为用户提供网页发布的网页服务器。

客户机是服务于用户，调用服务器程序的计算机。客户机并没有严格的分类，所有通过访问服务器获得服务的计算机都可以称为客户机。在网页设计中，网页设计者和网页浏览者使用的计算机都可以称为客户机。网页设计者将本地客户机上设计的网页上传到服务器中，通过服务器发布给所有的用户，用户通过客户机浏览网页。

1.1.2　网页的页面元素

阅读报纸杂志时，用户看到的主要是文字和图片；看电视时，看到的更多是视频。每一种媒体都包含许多元素，网页也不例外。相比这些传统媒体，网页包含了更多的组成元素——除了文字、图像、音频、视频外，很多其他对象也可以加入网页中，比如 Java Applet 小程序、Flash 动画、QuickTime 电影等。

1. 文字

网页中最多的内容是文字。文字是网页的主体，是传达信息最重要的方式。因为它占用的存储空间非常小（一个汉字只占用两个字节），所以很多大型网站通过纯文字的版面来缩短浏览者的下载时间。文字在网页上的主要形式有标题、正文、文本链接等，在页面中可以根据需要对其字体、大小、颜色、底纹、边框等属性进行设置，充分体现网页的视觉效果。

2. 图像

丰富多彩的图像是美化网页必不可少的元素，文字与图像巧妙地组合可以带给用户美的享受。网页中的图像一般为 JPG 格式、GIF 格式和 PNG 格式，可以用来作 Logo 图标、标题、Banner 广告、插图、背景图等，甚至构成整个页面。如图 1-10 和图 1-11 所示为 Logo 图像和图片化标题。

图 1-10　Logo 图像　　　　　　　　　　　　图 1-11　图片化标题

3. 音频

将多媒体引入网页，可以制作出更有创造性和艺术性的作品，极大地增强了网页的表现效果，使网页成为一个有声有色、动静相宜的世界，最大限度地激发访问者的兴趣。多媒体一般是指音频、视频、动画等形式。

网页中应用音频能极好地烘托网页页面的氛围，使网页的主题和特征更加鲜明，常见的音频格式有 MIDI、WAV、MP3 等。

- MIDI 音乐：每逢节日，人们都喜欢到贺卡网站上收发电子贺卡。其中有些贺卡就有一种音色类似电子琴的背景音乐，这种背景音乐就是网上常见的一种多媒体格式——MIDI 音乐，它的文件以.mid 为扩展名，特点是文件体积非常小，下载时间短，但音色很单调。
- WAV 音频：每次打开计算机时我们听到的系统载入的音乐实际上就是 WAV 音频。该音频是以.wav 为扩展名的声音文件，它的特点是表现力丰富，但文件体积很大。
- MP3 音乐：现在互联网上的音乐大多数都是 MP3 音乐，它的文件以.mp3 为扩展名，特点是在尽可能保证音质的情况下减小文件体积，通常是长度为 3 分钟左右的歌曲文件，文件体积大概为 3MB。

4. 视频

随着网络地不断发展和成熟，视频在网页中的应用越来越广泛。视频传达的信息形象、生动，有着其他媒体不可替代的优势，能给人留下深刻的印象。常见的网上视频文件格式有 AVI、RM、FLV 等。

- AVI 视频：AVI 视频文件是由 Microsoft 开发的视频文件格式，其文件扩展名为.avi，特点是视频文件不失真，视觉效果好，缺点是文件体积太大，短短几分钟的视频文件需要耗费几百兆的硬盘空间。

- RM 视频：它是由 Real Networks 公司开发的音视频文件格式，主要用于网上的电影文件传输，扩展名为.rm，特点是能一边下载一边播放，又称为流媒体。
- QuickTime 电影：QuickTime 电影是由美国苹果电脑公司开发的用于 Mac OS 的一种电影文件格式，在 PC 上也可以使用，但需要安装 QuickTime 的插件，这种媒体文件的扩展名是.mov。
- WMV 视频：这是 Microsoft 开发的新一代视频文件格式，特点是文件体积小，而且视频效果比较好，能够边下载边播放，目前已经在网上电影市场中占有一席之地。
- FLV 视频：FLV 是 Flash Video 的简称。FLV 串流媒体格式是一种新的网络视频格式，它的出现有效地解决了视频文件导入 Flash 后，使导出的 SWF 文件体积庞大，不能在网络上有效使用的缺点。随着网络视频网站的丰富，这个格式已经非常普及。

5. 动画

动画实质上是动态的图像，是网页中最吸引眼球的地方。创意出众、制作精美的动画能够使页面显得活泼生动，达到动静相宜的效果。特别是 Flash 动画产生以来，动画成为网页设计中最热门的话题。常见的动画格式有 GIF 动画、Flash 动画等。

- GIF 动画：GIF 动画是多媒体网页动画最早的动画格式，优点是文件体积小，但没有交互性，主要用于网站图标和广告条。
- Flash 动画：Flash 动画是基于矢量图形的交互性流式动画，可以用 Adobe 开发的 Flash 进行制作，使用其内置的 ActionScript 语言还可以创建出各种复杂的应用程序，甚至是各种游戏。
- Java Applet：在网页中可以调用 Java Applet 来实现一些动画效果。

6. 表格

表格由一行或多行组成，每行又由一个或多个单元格组成，它在网页中的作用非常大，主要有两种：一是在网页中用表格组织数据，以清晰的二维列表方式显示网页中的数据，方便查询和浏览；二是使用表格进行网页布局，规划网页中的各种元素，使网页的版面显得整齐漂亮，达到最佳的设计效果。

7. 表单

表单主要用来收集用户信息，然后将这些信息发送到用户设置的目标端，实现浏览者与服务器之间的信息交互。一个表单有三个基本组成部分：表单标签（包含了处理表单数据所用 CGI 程序的 URL 以及数据提交到服务器的方法）、表单域（包含了文本框、密码框、隐藏域、多行文本框、复选框、单选按钮、下拉选择框和文件上传框等）、表单按钮（包括提交按钮、复位按钮和一般按钮，用于将数据传送到服务器上的 CGI 脚本或者取消输入，还可以用表单按钮来控制其他定义了处理脚本的处理工作）。

8. 超链接

当单击网页上的一段文本（或一张图片）时，鼠标指针会变成小手的形状，如果可以打开网络上一个新的地址，就代表该文本（或图片）有超链接。超链接是 Web 网页的主要特色，是指从一个网页指向一个目标的连接关系，这个目标可以是另一个网页，也可以是相同网页上的不同位置，还可以是一幅图片、一个电子邮件地址、一个文件，甚至是一个应用程序。而在一个网页中用来超链接的对象可以是一段文本或一幅图片。当浏览者单击已经链接的文字或图片后，链接目标将显示在浏览器上，并且根据目标的类型来打开或运行。

1.1.3　网站的建设流程

制作网页的最终目的是建立一个由多个网页组成的网站，但是网站绝不是这些网页的简单排列组合，而是用超链接方式把这些网页有机结合起来，组成具有鲜明风格特征和完善内容的整体。因此，设计一个完整的网站包含了很多步骤，例如网站的构思、结构规划和建设、网站的宣传营销等。网站的建设流程一般包括确定网站目标和主题、网站的规划、网站的建立、网站的推广和发展、网站的更新和维护等。

1.　确定网站目标和主题

设计一个网站，首先需要确定该网站的目标，即为什么要建立网站。建立网站的原因是多种多样的，例如政府网站，它为政府发布信息提供一个良好的平台；企业网站，是为了进行电子商务活动；个人网站，为的是交朋友、进行学习讨论或者是提供兴趣爱好交流的平台等等。因此，我们建立网站前一定要明确目标，明确目标以后我们还要弄清楚网站面向的受众群体。例如，明确网站是面向学生还是面向消费者，又或者是面向公司内部的员工等，只有明确了目标和访问者以后，才能避免在建站过程中出现很多问题，并能依此定位网站的主题。

网站的主题即网站题材，是网站要包含的内容，它是赋予网站生命的关键，只有主题鲜明，才能够建设出具有独特风格、内容丰富的站点。网络上的网站题材琳琅满目，无奇不有，比较流行的题材有网上聊天、新闻网站、网上求职、网上购物、娱乐网站、旅游网站、计算机技术、生活时尚等。每个题材又可以进一步细分，如娱乐类网站可以分为音乐、电影、体育等几大类，音乐又可以按表现形式分为古典、现代、摇滚、说唱等，体育也可以进一步细分为足球、篮球、田径、游泳、网球等。除了以上常见的题材外，也可以选择专业的题材，如心理健康、医疗卫生等。

选择网站主题的时候建议注意以下几点：

（1）主题要小而精。即主题定位要小，内容要精。如果想制作一个包罗万象的站点，把所有认为精彩的东西都放在上面，那么往往会事与愿违，让人感觉网站没有主题，缺少特色，样样有却样样都介绍得很浅。最新的调查结果也显示，网络上的"主题站"比"万全站"更受人们喜爱，就好比专卖店和百货商店，如果需要买某方面的东西，大多数人会选择专卖店。

（2）题材最好是自己擅长或者喜爱的内容。比如擅长唱歌，就可以建立一个音乐爱好者网站；对篮球感兴趣，可以制作一个篮球网站，报道 NBA 最新的战况和球星动态等。兴趣是制作网站的动力，是灵感的源泉，这样在制作网站时才不会觉得无聊或者维护起来力不从心。

（3）题材不要泛滥或者目标太高。"泛滥"是指到处可见，人人都有的题材，比如软件下载。"目标太高"是指在这一题材上已经有非常优秀，知名度很高的站点，要超过它是很困难的。除非你下决心和有实力与它竞争并实现超越，在互联网上人们往往只记得最好的网站，对第二名第三名的印象则会浅得多。

如果已经确定好网站主题，下一步就是为网站起名字。网站的名字是网站设计过程中非常关键的一个要素，是浏览者对网站的第一印象，可以说，网站名的好与坏是决定网站是否能成功的关键。因此，可能需要花费一定的时间才能想到一个满意的名字。例如，"电脑学习室"和"电脑之家"显然是后者简练；"迷笛乐园"和"MIDI 乐园"显然是后者明晰。网站名称是否积极、响亮、易记，对网站的形象和宣传推广有着很大影响。一般网站名的建议有以下几点：

（1）名称要正。这个"正"其实就是要合法、合理、合情。不能用反动的、色情的、迷信的、危害社会安全的名词语句。

（2）名称要易记。根据中文网站的特点，除非特定需要，网站名称最好用中文名称，不要使用英文或者中英文混合的名称。例如 beyondstudio 和超越工作室，后者更亲切好记。另外，网站名称的字数应该控制在六个字（最好四个字）以内，比如"XX 阁""XX 设计室"。字数少还有个好处，一般友情链接的小 Logo 尺寸是 88×31，而六个字的宽度是 78 左右，适合于其他站点的链接排版。

（3）名称要有特色。名称如果能有创意和特色，并体现一定的内涵，给浏览者更多的视觉冲击和空间想象力，则为上品。例如音乐前卫、网页陶吧、天籁绝音，在体现出网站主题的同时，还能体现出网站的特色之处。

2．网站的规划

网站的主题和名字确定以后，就需要对网站进行规划了。正所谓"凡事预则立，不预则废"，网站的规划是网站设计能否成功的关键。网站规划能使自己对网站有一个完整的构思，做出来的网站也不会杂乱无章。网站的规划一般包括总体结构的设计和站点目录结构的设置。

（1）网站总体结构的设计。

网站的建设是一项庞大的工程，如同建高楼，没有预先规划好结构而盲目进行建造，那结果往往是大楼的倒塌。所以，只有预先设计好网站的总体结构，并对它了如指掌，才能在以后的设计中得心应手，游刃有余。规划一个网站的总体结构，可以采用画结构图的方法，把主页中的栏目确定下来，并根据这些栏目设计出整个网站的架构。根据网站的架构设计主页的页面布局，包括使用普通页面还是采用框架、图片、文字、超链接等，确保访客浏览主页时随时能到他想去的任何一个栏目，并注意把最重要的信息放在最核心和最显眼的位置。

我们也需要根据网站的主题来选择网站的整体色调，有效搭配好各要素的色彩，统一网站的整体风格，衬托出网站的主题，让访客留下深刻的印象。网站的整体风格包括站点的 CI 形象（标志、色彩、字体和标语）、版面布局、浏览方式、交互性、文字、语气、内容价值、存在意义和站点荣誉等诸多因素。一个杰出的网站和实体公司一样，也需要形象包装和设计。浏览者不需要任何预先的知识就能从网站的视觉界面获得主观印象。因此，准确和有创意的设计对网站的宣传推广有事半功倍的效果。定位网站风格时一般需要考虑以下几点：

1）确保形成统一整体的界面风格。网页上所有的文字，包括字体、背景颜色、标题、分割线等要形成统一的整体风格，并且要与其他网站的界面风格相区别，形成自己的特色。

2）确保网页界面清晰、简洁、美观。

3）确保视觉元素安排合理，让访问者在浏览网页的过程中享受视觉的秩序感、节奏感、新奇感，给人留下深刻印象。风格的形成不是一蹴而就的，需要网页设计人员在实践中不断调整、修饰、强化，直到形成耳目一新、独树一帜的风格。

（2）网站目录结构的设置。

网站的目录是指创建网站时建立的目录，包括根目录和子目录。目录的好坏对站点未来的维护和更新有着重要的影响，建立目录时我们最好做到以下几点：

1）不能将所有文件都存放在根目录下，因为所有的文件放在根目录下会造成文件管理混乱和上传速度慢。

2）根据总体结构设计时确定的栏目来创建子目录，目录名不要使用中文和过长的英文名。在每个子目录下都建立独立的 images 目录，用于存放各个栏目中的图片。默认情况下，站点根目录下都有 images 目录，用于存放首页和次要栏目的图片。

3）目录的层次不要太深，一般不要超过 4 层，这样的话便于管理和维护。

3．网站的建立

在对网站有了初步的规划后，建设网站前还需要做一些准备工作。首先我们需要申请一个理想的域名和空间用于标识和存放网站。这一点比较关键，因为它不仅是主页的存放场所，而且主页上一些功能的实现还要依赖于这些场所所提供的服务。域名是网站在网络上存在的标志，对于企业开展电子商务具有重要的作用，被誉为网络时代的"环球商标"。一个好的域名可以大大提高企业在互联网上的知名度。

接着需要准备网站的素材，包括搜集、整理加工、制作和存储等环节。美丽、有创意的页面可以吸引访客浏览，但真正要做到让访客流连忘返，产生"高回头率"的最关键因素还是网站的内容，因为空洞的网站对人是没有任何吸引力的。网站素材有很多获取途径，可以从图书、报纸、光盘、多媒体和互联网上获得。要尽可能地多搜集一些可能用到的东西，特别是装饰的图片和相关的文字等。搜集到的材料需要进行适当的整理和加工，同时自己也可以制作素材。网站的所有素材要分门别类地保存在相应的文件夹中，文件名要有规律，容易看明白。

再有就需要确定制作网页的工具。目前有很多制作网页的工具，通常选用所见即所得的编辑工具，首推 Dreamweaver。Dreamweaver 是 Adobe 公司推出的一款用于网页设计的专业软件，因功能强大和易操作它成为同类开发软件中的佼佼者。Dreamweaver 是一款"所见即所得"的网页编辑工具，支持 HTML 和 CSS，能够使网页和数据库相关联，用于 Web 站点、Web 页面和 Web 应用的程序设计、编码和开发，既适用于专业人员，也适用于网页制作爱好者。至于图形工具，可以选择 Photoshop、Fireworks 等，Photoshop 强大的功能足以应付任何图形加工工作。动画制作工具首选 Flash，它是 Adobe 公司推出的一款功能强大的动画制作软件，将动画设计与处理推向了一个更高、更灵活的艺术水准。Flash 是一种交互式动画设计工具，用它制作的动画具有生动活泼、容量小、表现力丰富、网络功能强大等特点，它能通过声音、文字、动画的结合来综合表现作者的创意，制作出高品质的动画。

准备好材料，也确定了制作网页的工具，接下来就是对网页的版面布局进行设计。在设计网页时应遵循一定的设计原则，使设计出的网页实用美观，既便于用户浏览使用，又符合人们的审美心理，给人一种艺术美感和视觉享受。网页版面布局设计一般应遵循以下原则：

- 平衡性：文字、图像等要素在空间占用上分布均匀，色彩平衡，要给人一种协调的感觉。
- 对称性：对称是一种美，我们生活中有许多事物都是对称的。但过度强调对称性就会给人一种呆板、死气沉沉的感觉，因此要适当地打破对称，制造一点变化。
- 对比性：让不同的形态、色彩等元素相互对比来形成鲜明的视觉效果。例如黑白对比、圆形与方形对比等，它们往往能够创造出富有变化的效果。
- 疏密度：网页要做到疏密有度，即平常所说的"密不透风，疏可跑马"。避免整个网页呈现一种样式，要适当进行留白，运用空格，改变行间距、字间距等制造一些变化的效果。

下面介绍常见的网页布局形式。

（1）"厂"形布局：最上方是广告条，页面下方左侧是菜单，右侧显示页面内容，整体上类似汉字"厂"，所以我们称之为"厂"形布局，如图 1-12 所示。这种布局条理清晰、主次分明，但略微有点呆板。

（2）"厂"形布局：这种布局类似一个方框，上下是广告条，左侧是菜单，右侧是友情链接，中间是网页内容，如图 1-13 所示。这种布局方式内容紧凑、信息丰富，但四面封闭，容易给人一种压抑的感觉。

网站标志+广告条	
主菜单	内容

图 1-12　"厂"形布局

网站标志+广告条		
主菜单	内容	主菜单
广告		

图 1-13　"口"形布局

（3）"三"形布局：这种布局多见于国外站点，国内用得不多，如图 1-14 所示。特点是页面上横向条形色块将页面整体分割为三部分，色块中大多放广告条，如图 1-15 所示是"三"形布局网页实例。

内容
内容
内容

图 1-14　"三"形布局

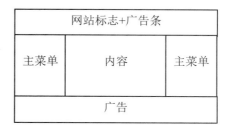

图 1-15　"三"形布局实例

（4）对称对比布局：采取左右或者上下对称的布局，一半深色，一半浅色，一般用于设计型站点。如图 1-16 所示是上下对称布局，图 1-17 所示为左右对称网页实例。

图 1-16　上下对称布局

图 1-17　左右对称网页实例

（5）POP 布局：POP 引自广告术语，是指页面布局像一张宣传海报，以一张精美图片或 Flash 动画作为页面的设计中心，周围点缀着一些图片和文字链接。这种设计一般用于时尚类公司的首页，非常引人注目。但大量图片的运用会导致网页下载速度很慢，而且提供的信息量较少，如图 1-18 所示。

图 1-18　POP 布局实例

总之，网页布局设计要按照网站的实际情况，根据网站受众的喜好来设计。设计版面布局之前可以先画出版面的布局草图，接着对版面布局进行调整和优化，确定最终的布局方案。

设计好版面后，需要做的就是按照规划把自己的想法一步步变成现实，这是一个复杂而又细致的过程。可以按照先大后小，先简单后复杂的原则制作出所有的页面。先大后小是指先把大的结构设计好，再逐步完善小的结构设计；先简单后复杂是指先设计出简单的内容，再设计复杂的内容，这样做的好处是出现问题时容易修改，大大提高了制作效率。

做好主页后，可以先利用软件自带的测试功能对网站进行内部测试来发现并修改基本的问题，最后将网站发布到 Web 服务器上。发布网站的工具有很多，有些网页制作工具本身就带有上传功能；也可以利用 http 传输方式，使用浏览器进入提供商的主页，登录到自己的账户进行上传；或者是采用 FTP 上传工具，可以很方便地把网站发布到自己申请的网页服务器上。网站发布以后，在浏览器中打开自己的网站，逐页逐个链接地再进行测试，发现问题及时更正，然后再上传、再测试，如此循环直到完善为止。

4．网站的推广和发展

网站完成后，如果没有访客或者访客稀少，当然是一大缺憾。网络上的原则是"酒香也怕巷子深"，因此主页推广工作就显得尤为重要。推广网站主要有以下几种方法：

（1）搜索引擎推广。这个主要是针对搜索引擎进行宣传推广，让别人在搜索一些关键词的时候能够搜到你想要展示的内容。搜索引擎推广主要分为竞价推广和搜索引擎优化，也就是通常理解的 seo。两者的区别在于竞价推广属于直接和搜索引擎公司业务对接，不论你的网站程序怎么样，只要你交足够的钱，就可以给你一个好位置。但是该方法普遍投入的资金比较高昂。

另外一种方法相对成本比较低，通过完善网站来实现，主要要做的工作有：①网站代码工整，符合搜索引擎的规则；②周期性规律性地更新自己网站的内部图文信息，信息最好是原创的，因为搜索引擎对于原创内容还是比较欢迎的；③周期性规律性地增加网站外链，最好能找一些收录比较好的网站互换友情链接，这样可以通过其他权重比较高的网站慢慢带动自己的网站；④定期检查网站收录情况，检测网站存在哪些对搜索引擎支持度不高的内容存在。

（2）社交媒体推广。社交媒体主要包括抖音、微博、贴吧、论坛、SNS 等此类互动性较强的互联网平台。方法主要是在这些平台上建立自己的公众账户，定期推送一些宣传软文或视频。

（3）QQ、微信、YY、UC 等聊天工具推广。该方法针对性比较强。可以通过"寻找好友"功能直接设定筛选条件，快速挖掘潜在客户范围，直接点对点投递宣传广告，或者采用 QQ 群等群组圈子群发广告。

（4）在行业门户、黄页等门户类网站提交自己的网站信息。由于这类网站在某行业内有一定影响力，聚集的都是这个行业的人，所以很容易挖掘到潜在客户。可以在这些平台提交自己网站的信息，不断定期更新网站的内容。

（5）在其他网站购买广告位挂广告。这个可选择的网站很多，价格也高低不等，有一定经济预算的可以考虑，直接联系目标网站客服或者业务部门进行商谈。

5. 网站的更新和维护

网站上传到服务器后，需要定期或不定期对网站页面进行更新和维护，保持网站内容的新鲜感才能不断地吸引更多的浏览者，增加访问量，同时确定用户能正常浏览网页。

1.2　走进 Dreamweaver 2021

Adobe Dreamweaver 是 Adobe 公司用于网站设计与开发的专业网页编辑软件，作为最新版本的 Dreamweaver 2021 在软件的界面和性能上都有了很大改进，提供了强大的可视化布局工具、应用开发功能和代码编辑支持。

1.2.1　安装 Dreamweaver 2021

（1）下载好软件安装包，运行 Set-up.exe，如图 1-19 所示。

（2）设置语言和安装位置，如图 1-20 所示，单击"继续"按钮。

图 1-19　运行 set-up.exe

图 1-20　设置语言和安装位置

（3）正在安装，如图 1-21 所示。

（4）安装完成，如图 1-22 所示。

图 1-21　正在安装　　　　　　　　图 1-22　安装完成

1.2.2　启动 Dreamweaver 2021

安装完 Dreamweaver 2021 简体中文版后，单击"开始"按钮，选择"所有程序"中的 Adobe Dreamweaver 2021 命令，即可启动 Dreamweaver 2021 简体中文版，如图 1-23 所示。

图 1-23　通过"开始"菜单启动 Dreamweaver

如果桌面上创建了 Adobe Dreamweaver 2021 程序的快捷方式，也可以直接双击该图标来启动 Adobe Dreamweaver 2021。

Dreamweaver 2021 启动以后的界面如图 1-24 所示，默认显示的是 Dreamweaver 的欢迎界面，该界面用于打开最近使用过的文档或创建新文档。如果不希望每次启动时都打开这个界面，可以在"首选项"→"常规"对话框中进行设置。

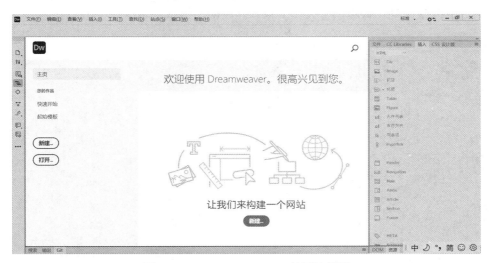

图 1-24　Dreamweaver 2021 的开始界面

1.2.3　退出 Dreamweaver 2021

退出 Dreamweaver 2021 的方法主要有以下两种：

（1）单击"文件"菜单中的"退出"选项，如图 1-25 所示。

（2）直接单击窗口右上角的"关闭"按钮，如图 1-26 所示。

图 1-25　通过"文件"菜单退出

图 1-26　单击"关闭"按钮退出

1.2.4　Dreamweaver 2021 的工作环境

单击欢迎界面上的"新建"按钮或执行"文件"→"新建"命令，弹出"新建文档"对话框，如图 1-27 所示。在其中选择文档类型 HTML5，框架栏选择"无"，单击"创建"按钮进入 Dreamweaver 2021 的工作界面，如图 1-28 所示。Dreamweaver 2021 的工作界面由菜单栏、通用工具栏、文档窗口、状态栏、文档工具栏、浮动面板组等组成。

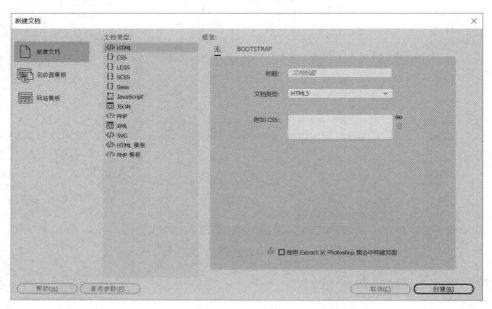

图 1-27　"新建文档"对话框

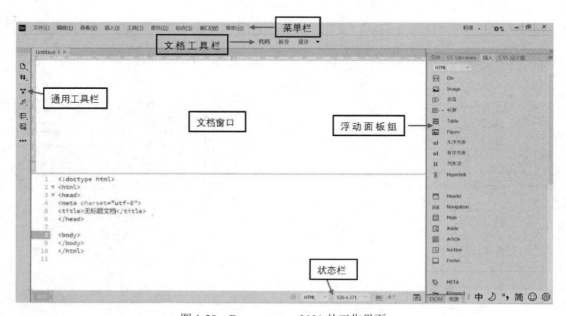

图 1-28　Dreamweaver 2021 的工作界面

1．菜单栏

工作界面的最上方是菜单栏，它是使用 Dreamweaver 2021 的最基本渠道，绝大多数功能都可以通过访问菜单来实现，包括文件、编辑、查看、插入、工具、查找、站点、窗口和帮助9 个菜单项，如图 1-29 所示。

文件(F)　编辑(E)　查看(V)　插入(I)　工具(T)　查找(D)　站点(S)　窗口(W)　帮助(H)

图 1-29　菜单栏

2．文档工具栏

文档工具栏位于文档窗口的上方，主要包括可以在文档的不同视图之间快速切换的常用命令，如图 1-30 所示。通过"窗口"→"工具栏"→"文档"命令可以关闭或打开文档工具栏。

代码　拆分　设计　▼

图 1-30　文档工具栏

"代码"按钮的作用是切换到"代码"视图，显示当前文档的代码，可以编辑插入的脚本，对脚本进行检查、调试等。"设计"按钮的作用是切换到"设计"视图，使用相应工具或命令可以方便地进行创建、编辑文档，即使不懂 HTML 代码也可以制作出精美的网页。在设计视图下显示的内容与浏览器中显示的内容相同。"拆分"按钮的作用是切换到"拆分"视图，能在同一屏幕中显示"设计"和"代码"视图。单击"设计"按钮旁边的倒三角形按钮可以切换到"实时视图"，可以在不打开浏览器窗口的情况下实时预览页面的效果。实时视图与设计视图的不同之处在于它更真实地呈现页面在浏览器中的显示效果，但在该视图下不能编辑代码。

3．通用工具栏

通用工具栏位于界面的左侧，如图 1-31 所示，主要包括一些与查看文档、在本地和远程站点间传输文档以及代码编辑有关的常用命令和选项。需要注意的是，不同的视图和工作区模式下通用工具栏的显示也会有所不同。

图 1-31　通用工具栏

：单击该按钮显示当前打开的所有文档列表。

：单击该按钮弹出文件管理下拉菜单。

：扩展全部代码。

：格式化源代码。

：应用注释。

：删除注释。

：自定义工具栏。单击该按钮打开"自定义工具栏"对话框，如图 1-32 所示。在工具列表中勾选需要的工具的复选框，即可将工具添加到通用工具栏中。

：在"实时视图"模式下该按钮可见。单击该按钮可以打开 CSS 检查模式，以可视方式调整设计，实现期望的样式设计。

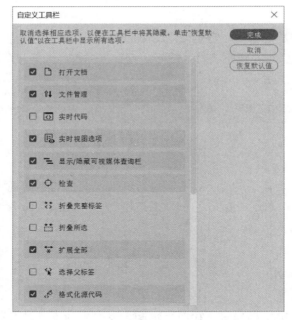

图 1-32　"自定义工具栏"对话框

4."插入"面板

Dreamweaver 2021 的"插入"面板默认位于右侧的浮动面板组中。单击浮动面板组中的"插入"按钮即可切换到"插入"面板,如图 1-33 所示。

"插入"面板有 7 组选项,每个选项有不同类型的对象。初始选项为 HTML,单击 HTML 右边的下拉按钮,可根据需要在弹出的下拉列表中选择相应的选项进行切换,如图 1-34 所示。

图 1-33　"插入"面板

图 1-34　切换不同插入选项

使用"插入"菜单也可以实现各种对象的插入。根据用户的使用习惯来决定使用"插入"菜单还是"插入"面板。

5.文档窗口

文档窗口主要用于文档的编辑,包括输入文字、插入图片和文档排版等,可同时对多个文档进行编辑。通过选择不同的视图方式来实现不同的功能:单击"设计"按钮即可在设计视图下方便地利用工具或命令创建和编辑文档,如图 1-35 所示;单击"代码"按钮可对编码进行编辑、检查、调试等,如图 1-36 所示;如果要同时兼顾设计样式和代码显示,则需要在"拆分"视图中实现,如图 1-37 所示。

图 1-35　"设计"视图

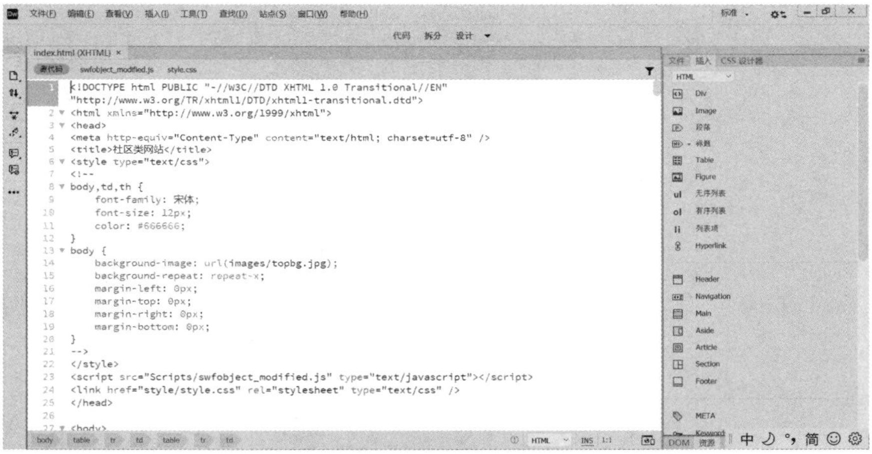

图 1-36　"代码"视图

图 1-37　"拆分"视图

6. "属性"面板

默认状态下，Dreamweaver 2021 没有开启"属性"面板，用户可以通过单击"窗口"→"属性"命令打开"属性"面板，选中网页中的某一对象后"属性"面板可以显示被选中对象的属性，如图 1-38 所示。通过"属性"面板可以修改选中对象的各项属性值。

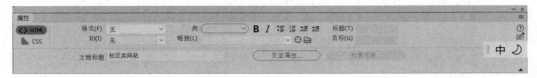

图 1-38　"属性"面板

7. 浮动面板组

Dreamweaver 2021 的浮动面板组位于工作界面的右侧，包括"文件"面板、"CSS 设计器"面板、"行为"面板、DOM 面板、"资源"面板等。用户根据需要可以通过菜单栏中的"窗口"命令可以打开或关闭面板，如图 1-39 所示。

图 1-39　"窗口"菜单

1.2.5　Dreamweaver 2021 的新特性

Dreamweaver 2021 拥有非常全面的网页设计所需功能，而且在上一个版本的基础上完善了更多功能操作，能够让用户拥有全新的使用体验。这款软件主要是通过 HTML、CSS、JavaScript 等多种编程语言来进行网页设计的，可以轻松帮助用户制作出精美的网页界面。跟上一个版本相比，新版本可以提供给用户一个更加集成、高效的操作平台，可以快速创建引人注目、基于标准的网站和应用程序。

下面简要介绍 Dreamweaver 2021 的新特性。

1. 改进

改进了与最新操作系统版本（macOS 和 Windows）的兼容性并修复了多项错误。

2．停用

图像优化和 API 列表在 Dreamweaver 2021 版本中已停用。

3．编辑时启用 linting

最新版本中引入了编辑时启用 linting 功能，以改善自动化的 linting 功能。借助这一全新增强功能，用户可在编辑 HTML（.htm 和.html）、CSS、DW 模板和 JavaScript 文件时在输出面板中同步查看错误和警告。

4．安全性增强功能

OpenSSL：Dreamweaver 现已与最新版本 OpenSSL（已从 1.0.2o 升级到 1.0.2u）集成。

LibCURL：Dreamweaver 现已与新版 LibCURL（已从 7.60.0 升级到 7.69.0）集成，可为用户提供安全连接。

Xerces：Dreamweaver 现已升级，使用新的 Xerces 版本。

Ruby：Dreamweaver 现已与新版 Ruby 集成。

5．使用 Bootstrap 4 构建响应式站点

专注于移动优先设计，制作美观的响应式站点，Dreamweaver 会在后台处理所有繁重的工作。

6．实时预览代码更改

通过实时预览在浏览器和设备中即时查看更改。

7．Git 支持

使用 Git 实现高级源代码控制。

8．更高效地编写 CSS

CSS 预处理器（如 Less 和 Sass）的内置支持。

第 2 章　HTML 的基础知识

　　HTML 语言是制作网页需要掌握的最基本的语言，任何网站开发都必须以 HTML 为基础来实现。本章主要介绍 HTML 语言的基本语法和常用标签，以及 HTML 5 的相关知识。

- 掌握 HTML 的基本语法结构和基本标记。
- 掌握 HTML 5 的相关知识。

2.1　HTML 基本概念

　　HTML（Hyper Text Markup Language，超文本标记语言或超文本链接标示语言）是目前网络上应用最为广泛的语言，也是设计制作网页文件的主要语言。HTML 是 Web 的支柱和骨架，就像人类的骨骼一样，它是 Internet 的结构组织和实质内容，但除了 Web 设计师之外其他人通常看不到它。如果没有它，Web 将不会存在。

　　Web 基于 HTML。HTML 不属于任何单独的软件或公司，它是非专有的纯文本语言，可以在任何计算机上由任何操作系统的任何文本编辑器编辑。HTML 语言通过标记和属性对文字、图形、动画、声音、表格、链接等进行全面描述，它是一种描述性标记语言，用来创建与系统平台无关的文档，其文件格式是能被浏览器解释显示的 HTML 或 HTM 文件。其中"超文本"指的是无论网页页面的位置在哪里，可以从一个页面跳转到另一个页面；"标记语言"指的是网页实际上是一个被注释过的文本文件。

　　从某种程度上来说，Dreamweaver 是一种 HTML 编辑器，但它远远超越了这一点。为了最大化开发 Dreamweaver 的潜力，我们需要很好地理解 HTML 是什么、它可以做什么、不可以做什么。

2.2　HTML 基本结构

　　HTML 文档是普通文本（ASCII）文件，它可以用任意编辑器编辑，如文字处理软件、Windows 中的记事本、写字板等，但保存时要注意文件类型的选择，文件的类型要选择"带换行符的纯文本"，并且类型扩展名为.htm 或.html。早期网页制作的过程就是直接书写 HTML 代码来定义页面元素的过程。

在学习 HTML 前，我们先看一个简单的网页实例。

【例 2.1】利用 Dreamweaver 2021 新建一个空白网页，并分别单击"设计"视图、用浏览器预览和"代码"视图查看效果。

打开 Dreamweaver 2021，单击"文件"→"新建"命令，弹出"新建文档"对话框，选择"文档类型"为 HTML，单击"创建"按钮，新建一个空白网页。

单击"文件"→"保存"命令，把网页保存到 D:\mysite 文件夹，文件名为 2-1.html。

单击文档工具栏中的"设计"按钮，显示效果如图 2-1 所示。

图 2-1　"设计"视图下的空白网页

按功能键 F12 预览网页，效果如图 2-2 所示。

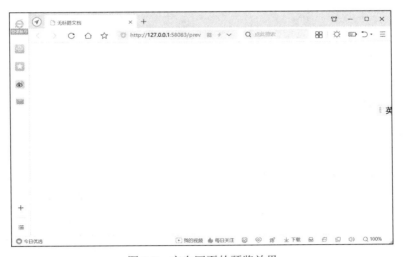

图 2-2　空白网页的预览效果

回到 Dreamweaver 2021，单击文档工具栏中的"代码"按钮，效果如图 2-3 所示。可以看到，虽然我们创建的是空白网页，但在"代码"视图中已经有了不少的源代码。默认状态下，这些源代码如下：

```
<!doctype html>
<html>
<head>
```

```
<meta charset="utf-8">
<title>无标题文档</title>
</head>
<body>
</body>
</html>
```

图 2-3　空白网页的"代码"视图

2.2.1　基本结构

HTML 语言的基本结构主要分成两部分：文件头和文件体。HTML 的基本结构如下：

```
<html>
    <head>
        文件头
    </head>
    <body>
        文件体
    </body>
</html>
```

　　HTML 程序以<html>开始，以</html>结束。从结构上讲，HTML 文件由元素组成，主要有三大元素：html 元素、head 元素和 body 元素，每个元素又包含各自相应的标记，标记还可以设置属性。html 元素是最外层的元素，里面包含 head 元素和 body 元素。head 元素中包含文档标题、文档搜索关键字、文档生成器等不在页面上显示的网页元素。body 元素是文档的主体部分，包含对网页元素（文本、表格、图片、动画、链接等）进行描述的标记，均会显示在页面上。html 文档中标记一般成对出现，如<P>和</P>、<html>和</html>等，但也有一些不成对。

2.2.2　标记和属性

　　在例 2.1 中，我们看到的 html、head、body 等，在 HTML 中统一称为"标记"，是用于描述功能的符号，用来控制文字、图像等元素的显示方式，在使用的时候一定要用"<"和">"把它们括起来。标记分为单标记和双标记两种，单标记指的是单独使用就可以控制网页效果的标记，例如
就是单标记，表示换行的意思；双标记由"始标记"和"尾标记"两部分构成，必须成对使用。其中始标记告诉 Web 浏览器从此处开始执行该标记所表示的功能，而尾标记告诉 Web 浏览器在这里结束该功能。始标记前加一个斜杠（/）即成为尾标记，如<html>和</html>。

单标记格式：<标记>内容

双标记格式：<标记>内容</标记>

其中"内容"部分就是要被标记施加作用的部分。例如你想突出某些文本的显示，就将此段文字放在<em> </em>标记中即可，例如<em>重点突出</em>。

标记规定的是信息内容，但标记中的文本、图像等信息内容显示的方式还需要在标记后面加上相关的属性来指定。标记的属性用来描述对象的特征，控制标记内容的显示和输出格式。标记通常都有一系列属性。设置属性的一般语法结构为：

<标记名 属性 1=属性值　属性 2=属性值……>内容</标记>

各属性之间无先后次序，属性也可省略（即取默认值），例如单标记<hr>表示在文档当前位置画一条水平线，一般是从窗口中当前行的最左端一直画到最右端，此标记允许带一些属性，如：

<hr SIZE=3 ALIGN=LEFT WIDTH="75%">

其中 SIZE 属性定义线的粗细，属性值取整数，默认值为 1；ALIGN 属性表示对齐方式，可取 LEFT（左对齐，默认值）、CENTER（居中）、RIGHT（右对齐）；WIDTH 属性定义线的长度，可取相对值（由一对" "号括起来的百分数，表示相对于充满整个窗口的百分比），也可取绝对值（用整数表示的屏幕像素点的个数，如 WIDTH=300），默认值是 100%。

例如，要将页面中段落文字的颜色设置为红色，则应设置其 color 属性的值为 red，具体格式为：<p color=red>内容</p>。

2.2.3　基本标记

HTML 的语法是通过标记（有的也称标签或标志）来体现的，不同标记的符号及其属性构成了该语言的语法特征，通常标记都是由开始标记和结束标记组成，开始标记用"<标记名>"表示，结束标记用"</标记名>"表示。元素指的是包含标记在内的整体，除去标记的部分叫内容。标记的性质和特性通常用属性来描述，属性要在开始标记中指定，以"属性名=值"的形式表示，多个属性用空格隔开，不区分顺序。

1. <!doctype html>标记

这是 HTML5 用来声明创建的文档类型的标记，说明创建的是一个 HTML 文档。该声明必须放在每一个 HTML 文档最顶部，在所有代码和标识之上，否则文档声明无效。与 HTML4 相比，简单而明显，更容易向后兼容。

2. 文档标记<html></html>

html 标记是对整个文档属性的描述，即告诉浏览器 HTML 文档的开始与结束，两个标记必须成对使用，<html>标记用在 HTML 文档的最前面，用来表示 HTML 文档的开始，而</html>标记放在 HTML 文档的最后边，用来标识 HTML 文档的结束，一个网页文档只能有一对<html></html>标记。

3. 文件头标记<head></head>

<head>和</head>构成 HTML 文档的开头部分，<head></head>两个标记必须成对使用，标

记对之间的内容不在浏览器中显示。整个文档的相关信息如文档总标题、描述、作者、编写时间等均存放在这里，若不需要头部信息则可省略此标记

在此标记之间可以使用<title></title>、<script></script>、<style></style>等标记对以及<meta>标记。

（1）文件标题标记<title></title>。<title></title>只能用在文件头标记<head></head>之间，标记对之间的文本作为网页的标题显示在浏览器的顶部。

（2）<script></script>。<script></script>标记用于定义客户端脚本，比如 JavaScript，JavaScript 通常的用途是图像操作、表单验证和内容动态更改。

在<script></script>标记之间，可包含脚本语句，也可通过 src 属性指向外部脚本文件，type 属性规定脚本的 MIME 类型。

（3）<style></style>。<style></style>标记用于为 HTML 文档定义样式信息，规定在浏览器中如何呈现 HTML 文档。可以直接在<style></style>之间写入内部 CSS 样式代码，也可以链接或导入外部 CSS 样式文件。

type 属性是必需的，定义 style 元素的内容，唯一可能的值是 text/css。

（4）<meta>。<meta>元素可提供有关页面的元信息（meta-information），比如针对搜索引擎和更新频度的描述和关键词。

4. 文件主体标记<body></body>

<body></body>是 HTML 文档的主体部分，表示 HTML 网页文档主体的开始和结束。在此标记对之间可以包含段落、图像、超链接、列表等标记，用来在网页中插入文本、图像、表格、超链接、多媒体等各类网页元素，并进行排版。

<body>标记的常用属性见表 2-1。

表 2-1　body 标记的常见属性

属性名	取值	含义	默认值
bgcolor	颜色值	页面背景颜色	#FFFFFF
text	颜色值	文字的颜色	#000000
link	颜色值	未访问的超链接对象的颜色	
alink	颜色值	链接中的超链接对象的颜色	
vlink	颜色值	已访问的超链接对象的颜色	
background	图像文件名	页面的背景图像	无
topmargin	整数	页面显示区距窗口上边框的距离，以像素点为单位	0
leftmargin	整数	页面显示区距窗口左边框的距离，以像素点为单位	0

例如，设置网页左边距为 50 像素，背景颜色为#9CF000，文本颜色为#FF0000，代码如下：

```
<body leftmargin=50 bgcolor="#9CF000" text="#FF0000">
```

标记的属性在开始标记中指定，多个属性以空格分隔，属性设置的格式是"属性=值"。

HTML 文件中许多标记都有颜色设置，颜色值在 HTML 中有如下两种表示方法：

（1）RGB 值表示：用颜色的十六进制 RGB 值表示，如#RRGGBB，R 表示红色，G 表示绿色，B 表示蓝色，如#FF0000 表示红色。

（2）英文单词表示：如 red 表示红色，blue 表示蓝色。

【例 2.2】HTML 的基本结构练习。

在 Dreamweaver 的代码窗口中输入如下代码：

```
<html>
    <head>
        <title>此处显示的是网页标题</title>
    </head>
    <body leftmargin=50 bgcolor=" #9CF000" text=" #FF0000">
        <p>网页的背景颜色为绿色，字体为红色</p>
    </body>
</html>
```

网页预览效果如图 2-4 所示，由预览效果可见，<title></title>标记的内容在网页的标题处显示，写在<body></body>标记之间的内容在网页的主体部分显示，<body>中的属性设置了距窗口左边框的距离、网页的背景颜色和网页的文字颜色。

图 2-4　例 2.2 的网页预览效果

2.2.4　页面格式标记

页面格式标记写在主体标记<body></body>之间，用来设置段落、列表、表格等。

1．段落标记

（1）<p></p>。<p></p>标记用来创建一个段落，在此标记对之间加入的文本将按照段落的格式显示在浏览器上。

<p>标记的属性 align 用来设置段落文本的对齐方式，其属性取值可以是 left（左对齐）、right（右对齐）、center（居中对齐）三个值中的一个。

语法如下：

```
<p align=属性值>
```

例如<p align=center>，即设置段落的文字居中对齐。

（2）<per></per>。<per></per>标记对用来对文本进行预处理操作。

2．换行标记

用来创建一个回车换行，它没有结束标记。

使用时若把
加在<p></p>标记对的外面，将创建一个很大的回车换行，即
前面和后面的文本的行与行之间的距离很大，若放在<p></p>标记对的里面，则
前面和后面的文本的行与行之间的距离比较小。

3．列表标记

列表标记可以创建普通列表、编号列表、项目列表。

（1）普通列表标记<dl></dl>、<dt></dt>、<dd></dd>。<dl></dl>用来创建一个普通列表，<dt></dt>用来创建列表中的上层项目，<dd></dd>用来创建列表中的下层项目。<dt></dt>和<dd></dd>都必须放在<dl></dl>标记对之间。

【例 2.3】创建普通列表示例。

在 Dreamweaver 的代码窗口中输入如下代码：

```
<html>
    <head>
        <title>例 2.3  创建普通列表示例</title>
    </head>
    <body text="blue">
        <dl>
            <dt>铜管乐器</dt>
            <dd>小号</dd>
            <dd>长号</dd>
            <dd>短号</dd>
            <dt>打击乐器</dt>
            <dd>大军鼓</dd>
            <dd>小军鼓</dd>
            <dd>定音鼓</dd>
        </dl>
    </body>
</html>
```

切换到"设计"视图，代码的设计结果如图 2-5 所示。

图 2-5 例 2.3 代码效果

（2）编号列表标记<ol></ol>、<li></li>。<ol></ol>标记对用来创建一个列表，<li></li>标记对只能在<ol></ol>标记对之间使用，此标记对用来创建一个数字列表项。

（3）项目列表标记<ul></ul>、<li></li>。<ul></ul>标记对用来创建一个列表，<li></li>标记对只能在<ul></ul>标记对之间使用，此标记对用来创建一个项目列表项，列表项前会有一个圆点。

【例 2.4】编号列表、项目列表示例。

在 Dreamweaver 的代码窗口中输入如下代码：

```
<html>
<head>
<title>例 2.4  编号列表、项目列表示例</title>
</head>
<body text="blue">
<ol>
<p>铜管乐器</p>
<li>小号</li>
<li>长号</li>
<li>短号</li>
</ol>
<ul>
<p>打击乐器</p>
<li>大军鼓</li>
<li>小军鼓</li>
<li>定音鼓</li>
</ul>
</body>
</html>
```

切换到"设计"视图，代码的设计结果如图 2-6 所示。

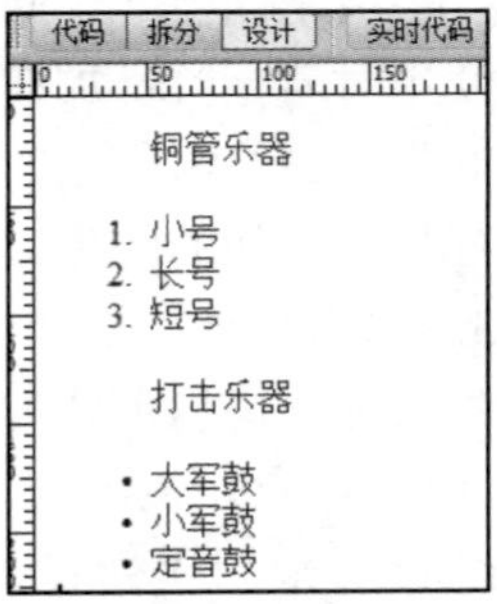

图 2-6 例 2.4 代码效果

4．标题格式标记<h1></h1>…<h6></h6>

HTML 语言提供了 6 对标题的标记对，h 后面的数字越大标题文本越小，<h1></h1>是最大的标题，而<h6></h6>是最小的标题。

【例 2.5】标题级别示例。

在 Dreamweaver 的代码窗口中输入如下代码：

```
<html>
<head>
<title>例 2.5 标题级别示例</title>
</head>
<body>
<h1>标题 1</h1>
<h2>标题 2</h2>
<h3>标题 3</h3>
<h4>标题 4</h4>
<h5>标题 5</h5>
<h6>标题 6</h6>
</body>
</html>
```

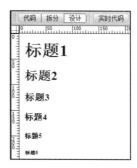

切换到"设计"视图，代码的设计结果如图 2-7 所示。

图 2-7　例 2.5 代码效果

2.2.5　文本标记

文本标记控制网页文本的字体、字形、字号、颜色等显示方式。

1．字形标记

字形标记主要有以下几种：

（1）<b></b>：黑体字，文本以黑体字的形式输出。

（2）<i></i>：斜体字，文本以斜体字的形式输出。

（3）<u></u>：下划线，文本下以加下划线的形式输出。

（4）<tt></tt>：用来输出打字机风格字体的文本。

（5）<cite></cite>：用来输出引用方式的字体，通常是斜体。

（6）<em></em>：用来输出需要强调的文本，通常是斜体加黑体。

（7）<strong></strong>：用来输出加重文本，文本加粗。

2．颜色标记

<font></font>标记对有 face、size 和 color 属性，通过修改这些属性可以对输出文本的字体、字号、颜色进行控制。

（1）face：用来设置文本的字体，值为"楷体""隶书""宋体"等。

（2）size：字号，取值范围是数字 1～7，默认值为 3。

（3）color：用来改变文本的颜色，取值可以是十六进制 RGB 颜色码或 HTML 语言给定的颜色常量名。

【例 2.6】文本标记的综合示例。

在 Dreamweaver 的代码窗口中输入如下代码：

```
<html>
<head>
```

```
<title>例 2.6 文本标记的综合示例</title>
</head>
<body>
<p><b>黑体字文本</b></p>
<p><i><font size="1" color="#FF0000">字号为 1，颜色为红色、斜体字文本</font></i></p>
<p><u>下划线文本</u></p>
<p><strong>字体加粗文本</strong></p>
</body>
</html>
```

切换到"设计"视图，代码的设计结果如图 2-8 所示。

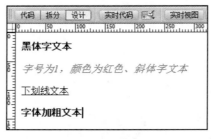

图 2-8　例 2.6 代码效果

2.2.6　图像标记

利用图像标记可以在网页中插入图片，常用的图片扩展名有.gif、jpeg、.jpg 和.png。

图像标记为<img>，它没有结束标记。

<img>标记常用的属性为 src，src 的取值为图片文件的文件名或路径，路径可以是相对路径，也可以是网址。

相对路径是指所要链接或嵌入到当前 HTML 文档的文件与当前文件的相对位置所形成的路径，通常有如下情况：

（1）假如当前 HTML 文档与图片文件（假设文件名为 logo.gif）在同一个目录下，则代码为<img src="logo.gif">。

（2）假如图形文件放在当前 HTML 文档所在目录的一个子目录（假设是 images）下，则代码应该为<img src="images/logo.gif">。

（3）假设图形文件放在当前网页文档所在目录的上层目录（假设是 home 文件夹）下，则相对路径必须是准确的网址。即用 "../" 表示网站，然后在后面紧跟文件在网站中的路径。假设 home 是网站下的一个目录，则代码应为<img src="../home/logo.gif">，若 home 是网站下的目录 king 下面的一个子目录，则代码应该为<img src="../king/home/logo.gif">。

src 属性是<img>标记中不可缺少的一部分，必须赋值。除此之外，<img>标记还有 alt、align、border、width 和 height 属性。

（1）alt：设置当鼠标移动到图像上时显示的文本。

（2）align：设置图像的对齐方式。

（3）border：设置图像的边框，可以取大于或者等于 0 的整数，默认单位是像素。

（4）width 和 height：设置图像的宽和高，默认单位是像素。

2.2.7 表格标记

表格是常用的网页元素，许多页面都会用到表格。利用表格可以清晰直观地显示数据，也可以布局页面。在 HTML 中，表格是由表格标题、表格行和表格单元格构成的。

定义表格的语法结构如下：

```
<table>
[<caption>表格标题</caption>]
    <tr>
        <td>单元格内容</td>
        <td>单元格内容</td>
        …
    </tr>
    …
</table>
```

<table></table>标记对定义表格的开始和结束；<caption></caption>标记对定义表格的标题，是可选项；<tr></tr>标记对定义表格的行；<td></td>标记对定义表格单元格。标记的属性用来定义表格的显示特性，利用表格标记的属性可以设计出各种复杂的表格，下面举例说明表格的各个标记及其常用属性的使用方法。

【例 2.7】简单表格示例，利用表格显示数据。

在 Dreamweaver 的代码窗口中输入如下代码：

```
<html>
<head>
<title>例 2.7 简单表格示例，利用表格显示数据</title>
</head>
<body>
<table width="21%" border="1" cellspacing="0" cellpadding="0">
<caption>
里约奥运金牌榜
</caption>
<tr>
<th width="19%" align="center" scope="col">名次</th>
<th width="53%" align="center" scope="col">国家</th>
<th width="28%" align="center" scope="col">数量</th>
</tr>
<tr>
<td align="center">1</td>
<td align="center" valign="middle" ><img src="image/f3.png" width="24" height="24" />美国</td>
<td align="center">46</td>
</tr>
<tr>
<td align="center">2</td>
<td align="center" valign="middle"><img src="image/f2.png" width="23" height="24" />英国</td>
<td align="center">27</td>
</tr>
<tr>
<td align="center">3</td>
```

```
<td align="center" valign="middle"><img src="image/f1.png" width="27" height="21" />中国</td>
<td align="center">26</td>
</tr>
</table>
</body>
</html>
```

切换到"设计"视图，代码的设计结果如图 2-9 所示。

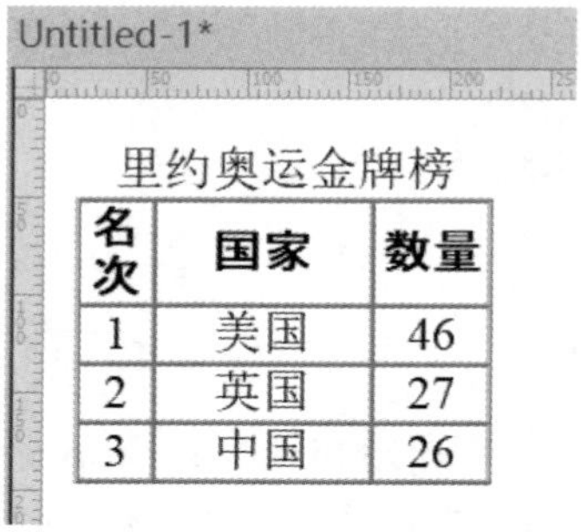

图 2-9　例 2.7 代码效果

2.2.8　链接标记

超链接（也称超级链接）是网页中使用比较频繁的 HTML 元素，超链接实现了页面之间的跳转，多个页面可以通过超链接串接起来。超链接有文字超链接、图片超链接、图片热点超链接、锚点超链接、邮箱超链接，利用链接标记的属性可以实现不同的超链接。

1. 链接标记

<a></a>定义超链接，用于从一个页面链接到另一个页面，<a>表示一个超链接的开始，</a>表示一个超链接的结束，单击<a>与</a>中间包含的内容即可跳转到链接的目标网页。

2. 链接标记常用属性

<a>标签内必须提供 href 或 name 属性。

（1）href 属性。

href 是最重要的属性，指定超链接目标的 URL。href 属性的值可以是任何有效文档的相对或绝对 URL，包括片段标识符和 JavaScript 代码段。如果用户选择了<a>标签中的内容，那么浏览器会尝试检索并显示 href 属性指定的 URL 所表示的文档，或者执行 JavaScript 表达式、方法和函数的列表。

1）超链接的 URL 可能的取值。

● 绝对 URL：指向另一个站点（如 href="http://www.example.com/index.htm"）。

● 相对 URL：指向站点内的某个文件（如 href="exer-1.htm"）。

● 锚 URL：指向页面中的锚（如 href="#top"）。

例如文本链接：

　　　<a href="http://www.baidu.com">点击此处链接到百度</a>

表示网页运行时，鼠标单击"点击此处链接到百度"文本即可跳转到百度。

例如图像链接：

　　　<a href="http://www.baidu.com"><img src="image/baidu.jpg"></a>

表示网页运行时，鼠标单击 baidu.jpg 图片跳转到百度。

例如邮箱链接：

    <a href="mailto:jmun_jsjxy@163.com">这是我的电子邮箱（E-mail）</a>

表示网页运行时，鼠标单击"这是我的电子邮箱（E-mail）"文本跳转到邮箱 jmun_jsjxy@163.com。

2）语法。

    <a href="mailto:EMAIL"></a>

表示创建了一个自动发送电子邮件的连接，mailto:后边紧跟着要自动发送的电子邮件的地址（即 E-mail 地址）。

（2）name 属性。

name：用于指定锚（anchor）的名称。

例如图片热点超链接：

    <p><img src="image/f3.png" width="117" height="71" border="0" usemap="#Map" />
    <map name="Map" id="Map">
    <area shape="circle" coords="82,30,18" href="exer-8.html" target="_blank" />
    </map>

创建此链接之前，应先在文档中插入图片，再设置图片热点。

例如锚点链接：

    <a href="#a">跳转到指定的锚点位置</a>

#a 为锚点的名称，创建此链接之前应先创建锚点#a。

2.2.9 表单标记

表单是 HTML 实现交互功能的主要窗口，表单的使用包含两部分：一部分是界面，供用户输入数据；另一部分是处理程序，可以是客户端程序，在浏览器中执行，也可以是服务器处理程序，处理用户提交的数据，返回结果。这里仅介绍界面部分，表单中的文本域等对象在此不作介绍。

1. 表单定义

表单定义的语法：

    <form><method>="get|post" action="处理程序名">
      [<input type="输入域种类" name="输入域名">]
      [<textarea></textarea>]
      [<select></select>]
    </form>

说明：

（1）<form></form>为表单标记，<form>表示表单的开始，</form>表示表单的结束。

（2）[<input type="输入域种类" name="输入域名">]为可选项，定义表单的输入域。

（3）[<textarea></textarea>]为可选项，创建一个可以输入多行文本的文本域。

（4）[<select></select>]为可选项，创建一个下拉列表框或可以复选的列表框的列表域。

（5）<input>、<textarea></textarea>、<select></select>标记必须放在<form></form>之间。

2. 表单标记<form></form>

<form></form>标记对用来创建一个表单，也就是定义表单的开始和结束位置，在标记对之间的一切都属于表单内容。

处理表单的程序、获取表单信息的方法等由<form>标记属性设置，常用的属性有 method、action 和 target。

（1）method：用来定义处理程序从表单中获得信息的方式，取值可以是 get 或 post。二者的区别是：get 方法将在浏览器的 URL 栏中显示所传递变量的值，而 post 方法则不显示，二者在服务器中的数据提取方式也不同。

（2）action：该属性的值是处理程序的程序名（包含绝对路径和相对路径），指出用户所提交的数据将由哪个服务器的哪个程序处理，如<form action="http://myhome.com/counter.cgi">，当用户提交表单时，服务器将执行网址 http://myhome.com/上的名为 counter.cgi 的 CGI 程序。可处理用户提交的数据的服务器程序种类较多，如 ASP 脚本程序、ASPX 程序、PHP 程序等。

（3）target：用来指定显示表单的目标窗口或目标帧（框架）。

3．表单元素

表单元素是允许用户在表单中输入信息的元素（如文本域、下拉列表、复选框等）。用户通常在表单的输入域中设置不同类型的表单元素，表单的输入域有三大类，由<input type="">、<textarea></textarea>、<select></select>标记定义。下面举例说明在输入域中通过属性设置使用多种表单元素设计的表单，用于收集问卷调查数据。

【例 2.8】设计"电影院问卷调查"网页。

在 Dreamweaver 的代码窗口中输入如下代码：

```
<body>
<p>电影院问卷调查</p>
<form id="form1" name="form1" method="post" action="http://test.com/cgi-bin/runl">
<p><b>性别</b><br/><br/>
<input type="radio" name="ra1" id="na1"/>男
<input type="radio" name="ra2" id="na2"/>女<br/><br/>
<b>平常喜欢看什么类型的电影</b><br/><br/>
<input type="checkbox" value="yes" name="jl" checked="checked" />纪录片
<input type="checkbox" value="yes" name="kh"/>科幻片
<input type="checkbox" value="yes" name="wy"/>文艺片<br/><br/>
<b>能接受的价位：</b><br/><br/>
<select name="xz" size="1" >
<option value="v1" >30~50 元
<option value="v2" selected="selected">50~70 元
<option value="v3">80~100 元
<option value="v4">100~120 元
</select><br/><br/>
<b>请输入您的要求：</b><br/><br />
<textarea name="yq" rows="5" cols="30">在此输入意见</textarea>
<br/><br/>
<input type="submit" name="ok" value="提交" />
<input type="submit" name="re-input" value="重选" /></p>
</form>
</body>
```

切换到"设计"视图，代码的设计结果如图 2-10 所示。

图 2-10　例 2.8 代码效果

2.2.10　其他标记

1．水平线标记

<hr>标记在 HTML 文档中加入一条水平线，具有 size、width、color 和 noshade 属性。

- size：设置水平线的粗细。
- width：设置水平线的宽度，默认单位为像素。
- color：水平线的颜色，可以是 RGB 颜色值，也可以是颜色名。
- noshade：规定水平线的颜色呈现为纯色，而不是有阴影的颜色。

例如：

<hr size="4.5" width="500" color="#00FFCC" noshade="noshade" />

2．"跑马灯"标记

标记使文字或者图片等产生移动效果，属性很多，常用属性如下：

（1）behavior：设定文字的卷动方式，可选值有下述 3 种。

- scroll：默认值，文字或图片移动到尽头后再重新开始。
- slide：文字或图片移动到尽头就结束。
- alternate：文字或图片向左右两边来回移动。

（2）direction：设置文字卷动方向，left 为默认值，表示向左，right 表示向右。

（3）bgcolor：设置文字移动范围的背景颜色。

（4）height、width：设置文字的移动范围，可以采取相对值或绝对值，如 30%或 30，也可以用像素作为单位。

（5）hspace、vspace：设置移动文字的水平及垂直空间位置。

（6）loop：设置文字移动的次数，其值可以是正整数或 infinite，infinite 是默认值，表示无限次循环。

（7）scrollamount：设置文字移动的步长，单位是像素。

（8）scrolldelay：设置移动文字的间隔时间，单位是毫秒。

例如：

```
<marquee behavior="scroll" direction="left" bgcolor="#0000FF" height="30" width="150" hspace="0"
vspace="0" loop="infinite" scrollamount="30" scrolldelay="500">hello</marquee>
```

3．文字闪烁标记

<blink>标记令文字闪烁，只适用于 Netscape 浏览器，用法直接，没有参数。

例如：

```
<blink>路漫漫其修远兮，吾将上下而求索</blink>
```

显示的闪烁的文字为：路漫漫其修远兮，吾将上下而求索。

4．提供页面元信息标记

<meta>标记放在<head></head>标记之间，其内容不显示在浏览器的窗口中，只提供有关页面的元信息（meta-information），比如针对搜索引擎和更新频度的描述和关键词。<meta>标签的属性定义了与文档相关联的名称/值对，常用属性有 name、content、http-equiv 等，使用时主要为两种属性组合，下面举例说明其用法。

（1）name 和 content 组合使用。

例如：

● 定义网页的关键字，供搜索引擎检索。

```
<meta name="keywords" content="HTML 教程">
```

● 设置网页作者。

```
<meta name="author" content="某某某公司">
```

（2）http-equiv 和 content 组合使用。

例如：

● 设置 10 秒内自动刷新跳转到 url 指定的网页。

```
<meta http-equiv="refresh" content="3"url="html:www.3wc.com">
```

● 设置网页编码信息为国际化编码。

```
<meta http-equiv="content-type" content="text/html;charset=utf-8">
```

2.3 HTML5 基本用法

HTML5 是超文本标记语言（HTML）的第五次重大修改。从广义上来说，HTML5 实际上指的是包括 HTML、CSS 和 JavaScript 在内的一套技术组合。和以前版本相比，HTML5 并非仅仅用来标识 Web 内容，它的新使命是将 Web 带入一个成熟的应用平台。

2.3.1 HTML5 的语法变化

HTML5 的语法发生了很大的变化，但是 HTML5 的"语法变化"和其他编程语言的语法变化意义有所不同。HTML 原本是通过 SGML（Standard Generalized Markup Language）元语言来规定语法的。但是由于 SGML 的语法非常复杂，文档结构解析程序的开发也不太容易，多数 Web 浏览器不运行 SGML。因此，HTML 规范中虽然要求"应遵循 SGML 的语法"，但实际情况却是，对于 HTML 的执行在各浏览器之间并没有一个统一的标准。

提高 Web 浏览器间的兼容性是 HTML5 要实现的重大目标。要确保兼容性，必须消除规范与实现的背离。因此，HTML5 围绕浏览器兼容标准的问题重新定义了新的 HTML 语法，使各浏览器都能符合这个通用标准。为此，HTML5 推出了详细的语法解析的分析器，部分最新版本的浏览器已经封装该分析器，使得语法在各浏览器间兼容变得可能。

2.3.2　HTML5 的标记方法

HTML5 中的标记方法有 3 种。

1. 内容类型（Content-Type）

HTML5 的文件扩展名与内容类型保持不变。也就是说，扩展名仍然为.html 或.htm，内容类型（Content-Type）仍然为 text/html。

2. DOCTYPE 声明

DOCTYPE 声明是 HTML 文件中必不可少的，它位于文件第一行。在 HTML4 中，DOCTYPE 声明方法如下：

```
<!DOCTYPE html PUBLI"-//W3C//DTD　XHTML 1.0Transitional//EN"
"http://www.w3.org/TR/xhtml1/DTD/xhtml1-transitional.dtd">
```

在 HTML5 中，刻意不使用版本声明，声明文档将会适用于所有版本的 HTML。HTML5 中的 DOCTYPE 声明方法（不区分大小写）如下：

```
<!DOCTYPE html>
```

另外，当使用工具时，也可以在 DOCTYPE 声明方式中加入 SYSTEM 识别符，声明方法如下：

```
<!DOCTYPE HTML SYSTEM"about：legacy-compat">
```

提示：在 HTML5 中，DOCTYPE 声明方式允许不区分英文大小写，引号不区分是单引号和双引号。

3. 字符编码的设置

字符编码的设置方法有些新的变化。在以往设置 HTML 文件的字符编码时要用到如下 <meta>标记：

```
<meta http-equiv="Content-Type" content="text/html;charset=UTF-8">
```

在 HTML5 中，可以使用<meta>标记的新属性 charset 来设置字符编码，如以下代码所示：

```
<meta charset="UTF-8">
```

以上两种方法都有效。因此也可以继续使用之前版本的方法（通过 content 属性来设置），但要注意不能同时使用。

2.3.3　HTML5 的新增元素

为了更好地处理互联网应用，HTML5 添加了很多新元素和功能，比如图形的绘制、多媒体内容、更好的页面结构、更好的形式处理、api 拖放元素、定位、网页应用程序缓存、网络工作者等，下面详细介绍。

1. section

<section>标记标识页面中如章节、页眉、页脚或页面中其他部分的一个内容区块。

语法格式：<section>…</section>

示例：<section>欢迎学习 HTML5 </section>

2．article

<article>标记标识页面中的一块与上下文不相关的独立内容，例如博客中的一篇文章或报纸中的一篇文章。

语法格式：<article>…</article>

示例：<article>HTML5 华丽蜕变</article>

3．aside

<aside>标记用于标识<article>标记内容之外的，并且与<article>标识内容相关的一些辅助信息。

语法格式：<aside>…</aside>

示例：<aside>HTML5 将开启一个新的时代</aside>

4．header

<header>标记标识页面中一个内容区块或整个页面的标题。

语法格式：<header>…</header>

示例：<header> HTML5 应用与开发指南</header>

5．hgroup

<hgroup>标记用于组合整个页面或页面中一个内容区块的标题。

语法格式：<hgroup>…</hgroup>

示例：<hgroup>系统功能管理</hgroup>

6．footer

<footer>标记标识整个页面或页面中一个内容区块的脚注。

语法格式：<footer>…</footer>

示例：<footer>李彬

　　　　135*******1

　　　　2011-10-1

　　　　</footer>

7．nav

<nav>标记用于标识页面中导航链接的部分。

语法格式：<nav></nav>

示例：<nav>

　　　　<a href="/html/">HTML</a>

　　　　<a href="/css/">CSS</a>

　　　　<a href="/js/">JavaScript</a>

　　　　<a href="/jquery/">jQuery</a>

　　　　</nav>

8．figure

<figure>标记标识一段独立的流内容。一般标识文档主体流内容中的一个独立单元。

语法格式：<figure>…</figure>

示例：<figure>

　　　　<figcaption>HTML5</figcaption>

<p>HTML5 是当今最流行的网络应用技术之一</p>

</figure>

9.　video

<video>标记用于定义视频，例如电影片段或其他视频流。

语法格式：<video>…</video>

示例：<video src="movie.ogv"，controls="controls">video 标记应用示例</video>

10.　audio

在 HTML5 中，<audio>标记用于定义音频，例如音乐或其他音频流。

语法格式：<audio>…</audio>

示例：<audio src="someaudio.wav">audio 标记应用示例</audio>

11.　embed

<embed>标记用来插入各种多媒体。多媒体文件的格式可以是 MIDI、WAV、AIFF、AU 和 MP3 等。

语法格式：<embed/>

示例：<embed src="horse.wav"/>

12.　mark

<mark>标记主要用来在视觉上向用户呈现需要突出显示或高亮显示的文字。

语法格式：<mark>…</mark>

示例：<mark>HTML5 技术的应用</mark>

13.　progress

<progress>标记标识运行中的进程，可以使用<progress>标记来显示 JavaScript 中耗费时间函数的进程。

语法格式：<progress>…</progress>

示例：<progress value="70" max="100"></progress>

14.　meter

<meter>标记定义度量衡，仅用于已知最大值和最小值的度量。

语法格式：<meter>…</meter>

示例：<meter value="2" min="0" max="10">2 out of 10</meter>

15.　time

<time>标记标识日期或时间，也可以同时标识两者。

语法格式：<time>…</time>

示例：<time>9:00</time>

16.　wbr

<wbr>标记表示软换行。<wbr>标记与
标记的区别是，
标记表示此处必须换行，而<wbr>标记的意思是浏览器窗口或父级元素的宽度足够宽时（没必要换行时）不进行换行，而当宽度不够时主动在此处进行换行。<wbr>标记对英文这类拼音型语言的作用很大，但是对于中文却没有多大用处。

语法格式：…<wbr>…

示例：<p>To learn AJAX, you must be fami<wbr>liar with the XMLHttp<wbr>Request Object.</p>

17. canvas

<canvas>标记用于标识图形，例如图表或其他图像。这个标记本身没有行为，仅提供一块画布，但它把一个绘图 API 展现给客户端 JavaScript，使脚本能够把要绘制的图像绘制到画布上。

语法格式：<canvas></canvas>

示例：<canvas id="myCanvas"width="300"height="300"></canvas>

18. command

<command>标记标识命令按钮，例如单选按钮或复选框。

示例：<command onclick="cut()"label="cut">

19. details

<details>标记通常与<summary>标记配合使用，标识用户要求得到并且可以得到的细节信息。<summary>标记提供标题或图例。标题是可见的，用户单击标题时会显示出细节信息。<summary>标记是<details>标记的第一个子标记。

语法格式：<details>…</details>

示例：<details>

    <summary>HTML5 应用实例</summary>

    本节将教您如何学习和使用 HTML5

    </details>

20. datalist

<datalist>标记用于标识可选数据的列表，通常与<input>标记配合使用，可以制作出具有输入值的下拉列表。

语法格式：<datalist>…</datalist>

示例：<input list="browsers">

    <datalist id="browsers">

        <option value="Internet Explorer">

        <option value="Firefox">

        <option value="Chrome">

        <option value="Opera">

        <option value="Safari">

    </datalist>

除了上述这些标记之外，还有<datagrid>、<keygen>、<output>、<source>、<menu>等标记，这里就不再一一讲解了，有兴趣的读者可以阅读 HTML5 专业书籍进行学习。

第 3 章 网页的基本操作

本章导读

　　本章主要介绍站点的建立和管理、网页的页面设置，以及如何制作图文并茂、生动形象的多媒体网页。

本章要点

- 网站的建立和管理。
- 网页的页面设置。
- 网页中的文字、图像和声音、视频、Flash 对象等。

3.1　创建和管理站点

3.1.1　站点概述

1. 站点的定义和分类

　　站点是网站中使用的所有文件和资源的集合。站点中包括网页文件、图片文件、服务器端处理程序和 Flash 动画文件等。站点在操作系统中的形式就是一个层次结构的文件夹，即一个文件夹下包含各种子文件夹和文件，例如某个简单的个人网站站点，在 Windows 的文件夹窗口和 Dreamweaver 中"文件"面板中的显示分别如图 3-1 和图 3-2 所示。其中，在"文件"面板中还可以实现将文件上传到网络服务器，自动跟踪、维护、管理和共享文件等功能。

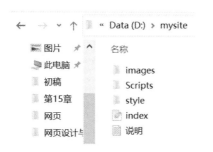　　

图 3-1　Windows 文件夹窗口中的站点结构　　　图 3-2　Dreamweaver "文件"面板中的站点结构

　　Dreamweaver 中的站点一般分为本地站点和远程站点两种。本地站点是用于存放整个网站内容的本地文件夹，是用户的工作目录，一般制作网页时只需建立本地站点。远程站点是指存储于服务器上的站点。

2．站点的规划原则

在定义站点之前，首先要做好站点的规划，包括站点的目录结构和链接结构等。这里讲的站点目录结构是指本地站点的目录结构，远程站点的结构应该与本地站点相同。目录结构创建是否合理对网站的上传、更新、维护、扩充和移植等工作有很大的影响。因此，在设计网站目录结构时应遵循以下原则：

（1）将文件分类存放在不同的文件夹中。每个站点对应一个根文件夹，然后创建多个子文件夹。可以将同种类型的文件放在同一子文件夹中，如图片文件存放在 images 文件夹下；也可以按网站的栏目划分子文件夹。

（2）给文件或文件夹命名时应使用英文或汉语拼音，不要使用中文目录名，防止因此而引起的链接和浏览错误。命名应有一定规律，便于日后管理。

（3）目录层次不要太深，最好在 3 级以内，不要超过 5 级。

（4）首页使用率最高，因此最好单独建立一个首页文件夹，用于存放网站首页中的各种文件。

3.1.2 创建本地站点

对于初学者来说，规划站点和设计站点结构比较困难，但创建站点的操作与在 Windows 系统下创建文件夹的操作类似，比较容易，打开 Dreamweaver 2021，通过"站点"→"新建站点"命令即可实现。

下面以简单的"个人网站站点"为例来介绍本地站点的创建过程。

【例 3.1】新建一个本地站点，站点名称为"个人网站"，站点文件夹设置为 D:\mysite。

（1）打开 Dreamweaver 2021，选择"站点"→"新建站点"命令，如图 3-3 所示，弹出"站点设置对象"对话框。

（2）设置站点名称和站点文件夹：站点名称与站点根目录不一样，站点名称并不是根文件夹的名称，在 Dreamweaver 中设置站点名称只是为了方便管理站点和更好地了解站点内容，一般用中文命名。如图 3-4 所示，创建的站点名称为"个人网站"。在"站点设置对象"对话框中单击"本地站点文件夹"后面的"浏览文件"按钮 📁，弹出"选择根文件夹"对话框，如图 3-5 所示，选择本地站点文件夹为 D:\mysite（站点文件夹 mysite 可以在 Windows 的"文件夹窗口"完成建立，也可以在设置站点过程中创建）。

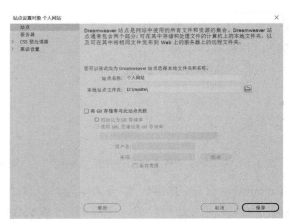

图 3-3　"新建站点"命令　　　　　　图 3-4　"站点设置对象"对话框

图 3-5　"选择根文件夹"对话框

（3）单击"高级设置"分类，在展开的子列表中选择"本地信息"，如图 3-6 所示，设置默认图像文件夹为 D:\mysite\images，以后站点中的图像默认保存在该文件夹中，其他选项采用默认设置。

其他选项的功能如下："链接相对于"用于设置文档路径的类型，有文档相对路径和站点根目录相对路径两个选项，默认方式为文档相对路径；Web URL 用于设置站点的地址，以便 Dreamweaver 对文档中的绝对地址进行校验，如果目前没有申请域名，可以暂时输入一个容易记忆的名称，将来申请域名后再用正确的域名进行替换；"区分大小写的链接检查"用于文件名区分大小写的 UNIX 系统，用来检查链接的大小写与文件名的大小写是否相匹配；"启用缓存"的目的在于启动本地站点的缓存以加快站点中链接更新的速度。

（4）单击"保存"按钮，本地站点创建完成，在"文件"面板中会显示该站点的名称和站点的根目录，如图 3-7 所示。

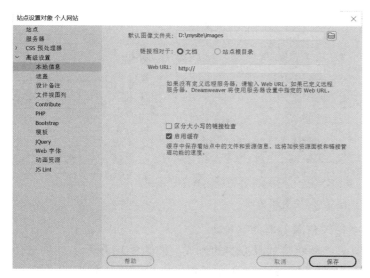

图 3-6　设置本地信息

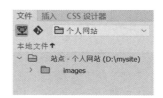

图 3-7　"文件"面板中站点的信息

3.1.3　创建远程站点

在远程服务器上创建站点需要在远程服务器上指定远程文件夹的位置，该文件夹将存储生产、写作和部署等方案的文件。创建远程站点除了上例所介绍的步骤外，还需要按以下操作步骤指定远程服务器和测试服务器：

（1）在"站点设置对象"对话框中选择"服务器"类别，如图 3-8 所示。

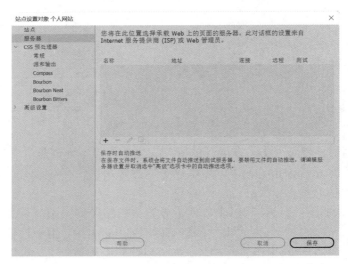

图 3-8　"站点设置对象"对话框的"服务器"类别界面

（2）单击"添加新服务器"按钮 ＋，界面如图 3-9 所示。

图 3-9　设置服务器

（3）在"服务器名称"文本框中输入新服务器的名称。

（4）在"连接方法"下拉列表框中选择连接到服务器的方式，如图 3-10 所示。如果选择 FTP，则要在"FTP 地址"文本框中输入要上传到的 FTP 服务器的地址、连接到 FTP 服务器的用户名和密码，并单击"测试"按钮测试 FTP 地址、用户名和密码，然后在"根目录"文

本框中输入远程服务器上用于存储公开显示的文档的目录。如果需要设置更多选项，则展开
"更多选项"部分，如图 3-11 所示。

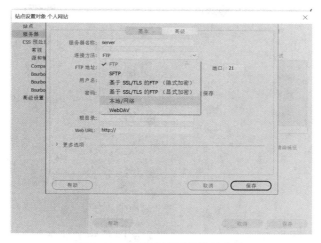

图 3-10　选择连接服务器的方法

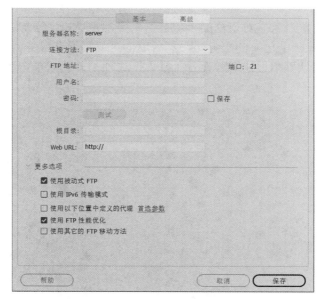

图 3-11　设置更多选项

　　端口 21 是接收 FTP 连接的默认端口，可以通过编辑右边的文本框来更改默认端口号。默
认情况下，Dreamweaver 会保存密码，如果希望每次连接到远程服务器时都提示输入密码，则
取消勾选"保存"复选项。

　　（5）在 Web URL 文本框中输入 Web 站点的 URL。Dreamweaver 使用 Web URL 创建站
点根目录的相对链接，并在使用链接检测器时验证这些链接正确与否。

　　（6）单击"保存"按钮回到"服务器"类别中，指定刚添加或编辑的服务器为远程服务
器或测试服务器，如图 3-12 所示。

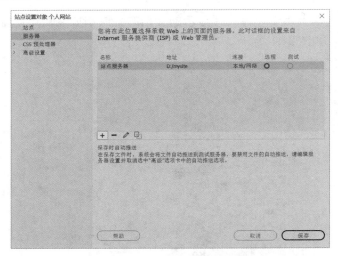

图 3-12　指定远程服务器

如果计划开发动态网站，Dreamweaver 需要测试服务器的服务以便在进行操作时生成和显示动态内容。测试服务器可以是本地计算机、开发服务器、中间服务器或生产服务器。设置测试服务器的步骤如下：

（1）在"站点设置对象"对话框的"服务器"类别中单击"添加新服务器"按钮➕，添加一个新服务器或选择一个已有的服务器，然后单击"编辑现有服务器"按钮。

（2）在弹出的对话框中根据需要设置"基本"选项卡，然后单击"高级"选项卡，如图 3-13 所示。

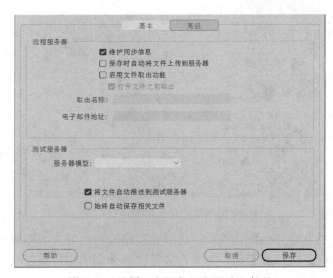

图 3-13　设置远程服务器和测试服务器

（3）在测试服务器中，选择要用于 Web 应用程序的服务器模型，如图 3-14 所示。

默认情况下，打开、创建或保存动态文档并做了更改时，Dreamweaver 2021 会将动态文档自动同步到测试服务器，不再显示"更新测试服务器"或"推送依赖文件"对话框。如果要取消动态文件的自动推送，则取消勾选"将文件自动推送到测试服务器"复选项。

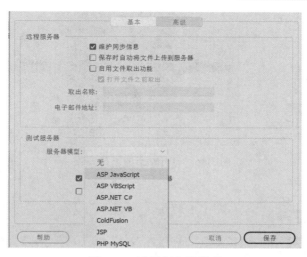

图 3-14　选择服务器模型

（4）单击"保存"按钮回到"服务器"类别对话框中，指定测试服务器。

（5）单击"保存"按钮返回"管理站点"对话框，这时对话框中列出了刚创建的远程站点，如图 3-15 所示。

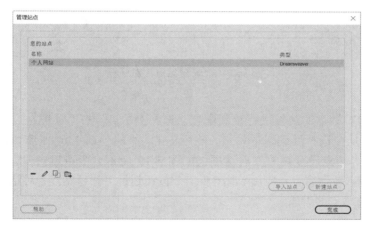

图 3-15　新建的站点

3.1.4　管理站点

Dreamweaver 2021 提供了功能强大的站点管理工具，通过它可以轻松地实现站点名称、所在路径、远程服务器连接等功能的管理。站点建立后，可以对站点进行管理，下面介绍常用的管理站点方法。

1. 打开站点

要打开一个创建好的站点，可以通过单击"文件"面板中左边的下拉列表来实现，如图 3-16 所示，在弹出的下拉列表中选择站点名称即可打开相应的站点；也可以选择下拉列表中的"管理站点"选项，在弹出的对话框中选择站点（如图 3-17 所示），最后单击"完成"按钮即可打开站点。

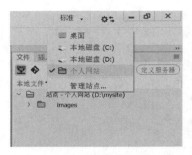

图 3-16 打开站点的下拉列表

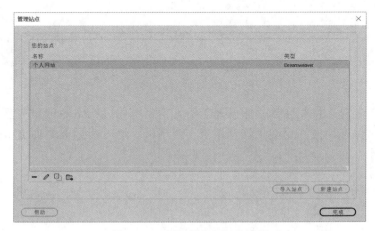

图 3-17 "管理站点"对话框

2. 编辑站点

编辑站点，指对站点的属性进行重新配置。选择"站点"→"管理站点"命令，弹出"管理站点"对话框，从中选择要编辑的站点，然后单击"编辑当前选定站点"按钮 ✐，如图 3-18 所示。在弹出的 "站点设置对象"对话框（如图 3-19 所示）中可以对"站点名称""本地站点文件夹"等进行重新设置，完成后单击"保存"按钮返回"管理站点"对话框，最后单击"完成"按钮即可完成站点的编辑。

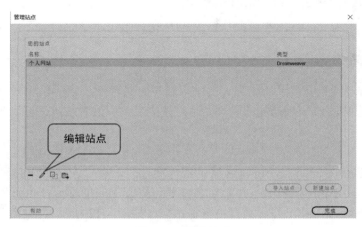

图 3-18 编辑站点

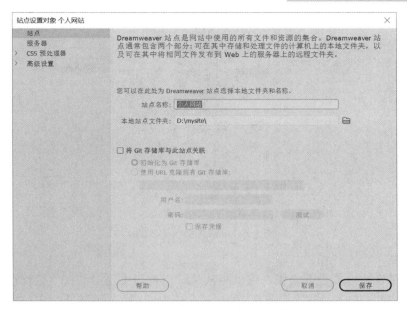

图 3-19 "站点设置对象"对话框

3. 复制站点

如果想创建多个结构相同或类似的站点，则可以利用站点的可复制性来实现。首先从一个基准站点复制出多个站点，再根据需要分别对各站点进行编辑,这能够极大地提高工作效率。复制站点的操作如下：

（1）单击"站点"→"管理站点"命令，弹出"管理站点"对话框。

（2）选择需要复制的站点，单击"复制当前选定站点"按钮（如图 3-20 所示），即可复制站点。新复制出的站点会显示在"管理站点"对话框的站点列表框中，名称是原站点名称后添加"复制"字样，如图 3-21 所示。

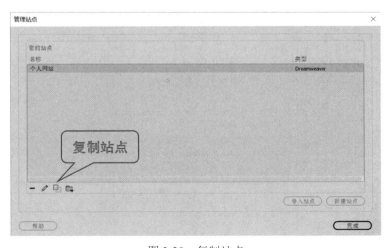

图 3-20 复制站点

（3）若要更改默认的站点名称，可以选中新复制出的站点，然后单击"编辑当前选定的站点"按钮 ，编辑站点名称等属性。

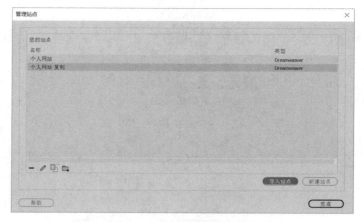

图 3-21　站点复制后的效果

4. 删除站点

如果不再对本地站点进行操作，可以将其从站点列表中删除。在"管理站点"对话框中选定要删除的站点，单击"删除当前选定站点"按钮 ━（如图 3-22 所示），弹出提示对话框，提示用户删除站点操作不能撤销，询问是否要删除站点，如图 3-23 所示，单击"是"按钮即可删除选中的站点。

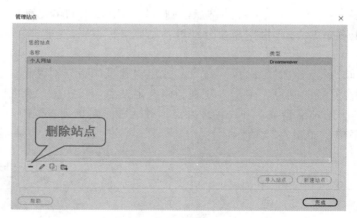

图 3-22　删除站点

图 3-23　提示对话框

删除站点实际上只是删除了 Dreamweaver 2021 与该本地站点之间的联系，但是本地站点的内容，包括文件夹和文件等，仍然保存在磁盘相应的位置。用户可以重新创建指向该位置的新站点并进行管理。

5. 导出站点

站点建立完成后，可以导出站点，方便我们在其他计算机上使用该站点。在"管理站点"对话框中选定要导出的站点，单击"导出当前选定站点"按钮 ，如图 3-24 所示。

图 3-24 导出站点

在弹出的"导出站点"对话框（如图 3-25 所示）中设置保存路径和文件名，单击"保存"按钮即可导出扩展名为.ste 的站点文件。

图 3-25 "导出站点"对话框

6. 导入站点

如果需要导入原有的站点，可以在"管理站点"对话框中单击"导入站点"按钮，如图 3-26 所示。

在弹出的"导入站点"对话框（如图 3-27 所示）中选择需要导入的站点文件，单击"打开"按钮即可导入站点。

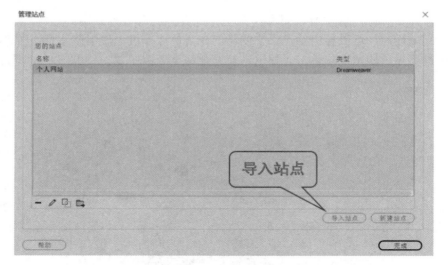

图 3-26　导入站点

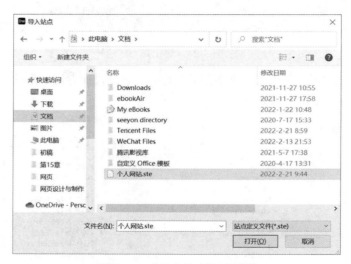

图 3-27　"导入站点"对话框

3.1.5　操作站点文件和文件夹

一个完整的站点是由许多网页文件和相关图片、声音、视频、动画等组成的。站点创建好以后，无论是创建网页文档，还是利用文件夹管理素材文件，都需要对站点中的文件或文件夹进行操作。利用"文件"面板可以对本地站点中的文件和文件夹进行创建、移动、复制、重命名和删除等操作。

1．创建文件和文件夹

在"文件"面板中创建文件或文件夹的具体操作步骤如下：

（1）选择"窗口"→"文件"命令，打开"文件"面板，在其中准备新建文件夹的位置右击，在弹出的快捷菜单中选择"新建文件夹"或"新建文件"命令，如图 3-28 所示。

（2）新建文件或文件夹的名称处于可编辑状态，可以重新命名，如图 3-29 所示。

图 3-28　新建文件或文件夹

图 3-29　新文件夹可重新命名

2．移动和复制文件或文件夹

在网站制作过程中，如果需要移动和复制文件或文件夹，可通过"文件"面板来实现。

移动文件或文件夹的具体操作步骤如下：选择"窗口"→"文件"命令打开"文件"面板，在其中选择要移动的文件或文件夹，拖到相应的文件夹即可；也可以选择要移动的文件或文件夹并右击，在弹出的快捷菜单中选择"编辑"→"剪切"命令，再将光标移动到目的文件夹后右击，在弹出的快捷菜单中选择"编辑"→"粘贴"命令完成移动。

复制文件或文件夹的具体操作步骤如下：选择"窗口"→"文件"命令打开"文件"面板，在其中选择要复制的文件或文件夹，按住 Ctrl 键的同时将文件或文件夹拖动到相应的文件夹即可完成复制；也可以选择要复制的文件或文件夹并右击，在弹出的快捷菜单中选择"编辑"→"复制"命令进行复制。

3．重命名文件或文件夹

在制作网页的过程中，为了便于管理，有时需要对创建的文件夹或文件进行重命名，对站点中文件或文件夹的重命名操作也是通过"文件"面板来实现。在"文件"面板中选择要重命名的文件或文件夹，按功能键 F2，文件或文件夹名称呈反白显示，输入新的文件或文件夹的名称即可；也可以选择要重命名的文件或文件夹并右击，在弹出的快捷菜单中选择"编辑"→"重命名"进行重命名。

4．删除文件或文件夹

在制作网页的过程中有时需要将多余的文件或文件夹删除。在"文件"面板中选择要删除的文件或文件夹，按 Delete 键，系统弹出一个提示对话框，询问是否确认要删除所选文件或文件夹，如图 3-30 所示，单击"是"按钮即可将文件或文件夹从本地站点中删除；也可以选择要删除的文件或文件夹后右击，在弹出的快捷菜单中选择"编辑"→"删除"命令进行删除。

图 3-30　提示对话框

5．刷新本地站点文件列表

如果在 Dreamweaver 2021 之外对站点中的文件夹或文件进行了修改，在"文件"面板中不能马上看到修改情况，需要对本地站点文件列表进行刷新才可以看到修改后的效果，具体操作步骤如下：

（1）选择"窗口"→"文件"命令打开"文件"面板。

（2）在站点下拉列表中选择需要刷新的站点。

（3）单击"文件"面板中的"刷新"按钮 ⟳ ，即可对本地站点的文件列表进行刷新。

3.2   网页建设

网页是构成网站的基本元素，是承载各种网站应用的平台。创建和打开网页是 Dreamweaver 最基本的操作，也是制作网页的第一步。Dreamweaver 2021 为创建网页文档提供了灵活的环境，下面主要介绍建设网页文档的基本操作，包括新建网页、保存网页、打开网页、预览网页和关闭网页等。

3.2.1   新建网页

1. 新建空白页面

在 Dreamweaver 2021 中，新建网页文件可以通过"新建文档"对话框快速实现，具体操作如下：

（1）启动 Dreamweaver 2021，选择"文件"→"新建"命令，如图 3-31 所示。

（2）在弹出的"新建文档"对话框（如图 3-32 所示）中选择"新建文档"选项，在"文档类型"列表框中选择 HTML 选项，在右侧的"框架"栏中选择"无"，然后单击"创建"按钮即可创建一个空白文档，如图 3-33 所示，文档的默认名称为 Untitled-1，如果新建第 2 个、第 3 个网页，文档默认名称为 Untitled-2 和 Untitled-3，依此类推。

图 3-31   "文件"→"新建"命令   图 3-32   "新建文档"对话框

也可以通过"欢迎屏幕"中的"新建"按钮来创建一个空白网页文档。

2. 新建基于模板的页面

Dreamweaver 2021 提供了几个专业人员开发的适用于移动应用程序的起始页文件，可以基于这些示例文件开始设计站点页面，具体操作步骤如下：

（1）启动 Dreamweaver 2021，选择"文件"→"新建"命令。

（2）在弹出的"新建文档"对话框（如图 3-35 所示）中选择"启动器模板"选项，在"示例文件夹"列表框中选择相应类型的模板，选择需要的"示例页"，对应的效果图会显示在对话框的最右侧，单击"创建"按钮即可创建基于模板的页面。图 3-36 所示为基于"启动器模板"中"基本布局"文件夹的"单页"模板所创建的页面。

图 3-33　新建的空白文档窗口

图 3-34　"欢迎"界面

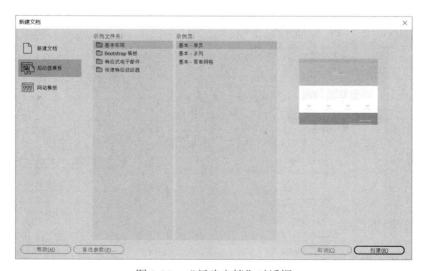

图 3-35　"新建文档"对话框

图 3-36　基于"单列"模板创建的页面

在创建基于启动器模板的文档时，Dreamweaver 将创建文件副本以防覆盖起始页文件。

除了 Dreamweaver 提供的模板外，如果站点原来已经设计和创建了网页的模板，也可以利用已建立好的模板快速创建网页，具体操作步骤如下：

（1）启动 Dreamweaver 2021，选择"文件"→"新建"命令。

（2）在弹出的"新建文档"对话框（如图 3-37 所示）中选择"网站模板"选项，在"站点"列表中选择模板所在的站点，该站点所有的模板将会显示在"站点的模板"列表中，根据需要选择相应的模板，对应的效果图会显示在对话框的最右侧，单击"创建"按钮即可创建基于网站模板的页面。

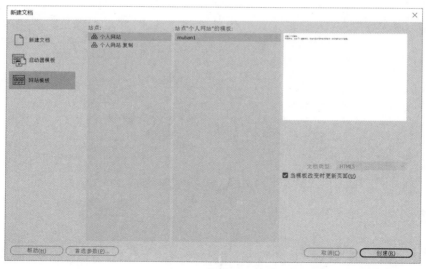

图 3-37　"新建文档"对话框

3.2.2　保存网页

保存网页在整个网页制作过程中是相当频繁的一个操作，其操作跟 Word 文档的保存操作类似。对于新建的网页文件，在第一次保存时还需要设置保存位置和名称等，具体操作步骤如下：

（1）选择"文件"→"保存"命令，如图 3-38 所示。对于已经保存过的文件，如果要将其另存在其他位置或者换名保存，需要选择"文件"→"另存为"命令，如图 3-39 所示。

图 3-38　选择"保存"命令

图 3-39　选择"另存为"命令

（2）在弹出的"另存为"对话框中设置文件的保存路径，在"文件名"文本框中输入名称，单击"保存"按钮即可完成网页文件的保存操作，如图 3-40 所示。如果是原来已经保存过的文档选择"保存"命令后不会弹出"另存为"对话框。

图 3-40　"另存为"对话框

3.2.3　打开网页

如果要编辑某个网页文件，则需要将其打开。在 Dreamweaver 2021 中，打开网页可以通过下述几种方法实现。

1. 通过"文件"菜单打开网页

选择"文件"→"打开"命令，如图 3-41 所示，弹出如图 3-42 所示的"打开"对话框，选择需要打开文档的路径，选中文件，然后单击"打开"按钮。

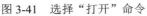

图 3-41　选择"打开"命令

图 3-42　"打开"对话框

如果是最近刚打开过的网页文档，则可以通过移动鼠标至"文件"菜单的"打开最近的文件"级联菜单，在其中选择相应的网页文档来打开网页，如图 3-43 所示。

图 3-43　"打开最近的文件"级联菜单

2. 通过"欢迎屏幕"打开网页

在启动 Dreamweaver 2021 应用程序后，程序会打开一个欢迎界面，在其中单击"打开"按钮，如图 3-44 所示，在弹出的"打开"对话框中选择要打开的网页文件即可打开。

图 3-44　通过"欢迎屏幕"打开网页

在"欢迎屏幕"的"打开"按钮上方会列举最近使用的网页文件，单击对应的文件名称也可打开该网页。

3.　将文件附到 Dreamweaver 2021

在系统中找到要打开的网页文件，选择该文件，按住鼠标左键不放，将其拖动到 Dreamweaver 2021 程序的标题栏上，释放鼠标即可打开该文件。

4.　选择打开方式打开网页文件

选择需要打开的网页文件并右击，在弹出的快捷菜单中选择"打开方式"，在其级联菜单中选择 Adobe Dreamweaver 2021 选项可启动 Dreamweaver 2021 应用程序并打开文件，如图 3-45 所示。

5.　打开站点中的文件

如果被打开的文档是在站点中的文件，可以在"文件"面板中双击文件将其打开，或是选中需要打开的文档并右击，在弹出的快捷菜单中选择"打开"命令，如图 3-46 所示。

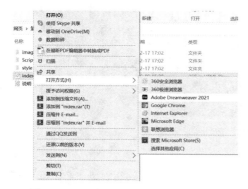

图 3-45　通过选择打开方式打开网页

图 3-46　通过"文件"面板打开站点文件

3.2.4　预览网页

在设计网页的过程中，如果要查看网页的实际完成效果，可直接通过预览功能实现。预览网页的方法有两种：通过"文件"菜单和按功能键 F12。通过"文件"菜单的具体操作如下：

（1）打开网页文件，选择"文件"→"实时预览"命令，在其子菜单中选择浏览器，如图 3-47 所示。

图 3-47　"实时预览"命令

（2）程序自动启动选择的浏览器并在其中显示该网页当前的浏览效果。

直接按功能键 F12 可以打开相应浏览器中快速预览网页。

3.2.5　关闭网页

当用户对某个网页文件编辑完并保存后，可以将其关闭，关闭网页的方法有下述几种。

1. 通过控制按钮关闭网页

默认情况下，在 Dreamweaver 2021 中打开的网页都是最大化显示的，如果将页面窗口还原，单击页面标题栏右侧的"关闭"按钮也可关闭当前网页，如图 3-48 所示。

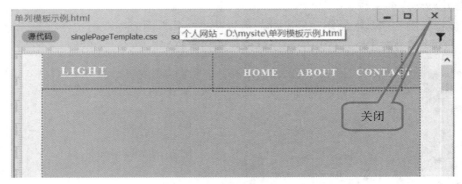

图 3-48　"关闭"按钮

2. 通过"文件"菜单关闭网页

在当前工作界面中选择"文件"→"关闭"命令即可关闭当前网页，如图 3-49 所示。

如果当前在 Dreamweaver 2021 中打开了多个网页，在不退出应用程序的前提下，要关闭所有文件，可以选择"文件"→"全部关闭"命令，如图 3-50 所示。

图 3-49　选择"关闭"命令

图 3-50　选择"全部关闭"命令

3. 通过页面选项卡关闭网页

在 Dreamweaver 2021 中打开的网页都是以选项卡的方式嵌入到应用程序中，用户可直接单击网页对应选项卡右侧的"关闭"按钮关闭当前网页，如图 3-51 所示。

在 Dreamweaver 2021 中，右击某个网页的选项卡，在弹出的快捷菜单中选择"关闭"命令，此时程序将自动关闭当前网页，如图 3-52 所示。如果选择"全部关闭"选项则将关闭所有网页，若选择"关闭其他文件"选项则关闭除当前网页以外的其他所有网页文件。

图 3-51　通过页面选项卡关闭

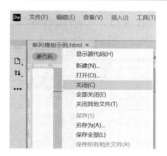

图 3-52　右击页面选项卡的快捷菜单

3.2.6　设置页面属性

在创建文档后，需要对页面的属性进行必要的设置，主要用于控制页面的整体外观。方法是选择"文件"→"页面属性"命令，如图 3-53 所示，弹出"页面属性"对话框，在其中进行各种页面属性设置，包括页面的默认字体、字体大小、背景颜色、边距、链接样式及页面设计的其他方面。在"页面属性"对话框中所进行的更改将应用于整个页面。

图 3-53　"文件"→"页面属性"命令

1. 设置"外观(CSS)"

选择"文件"→"页面属性"命令，或者单击文本属性检查器中的"页面属性"按钮，在弹出的对话框中选择"外观(CSS)"类别，如图 3-54 所示。

图 3-54　设置"外观(CSS)"页面属性

在"外观(CSS)"页面属性中可以进行如下设置：

（1）页面字体：指定在 Web 页面中使用的默认字体系列。Dreamweaver 将使用您指定的字体系列，除非已为某一文本元素专门指定了另一种字体。

（2）大小：指定在 Web 页面中使用的默认字体大小。Dreamweaver 将使用您指定的字体大小，除非已为某一文本元素专门指定了另一种字体大小。

（3）文本颜色：指定显示字体时使用的默认颜色。

（4）背景颜色：设置页面的背景颜色，方法是单击"背景颜色"框并从颜色选择器中选择一种颜色。

（5）背景图像：设置背景图像，方法是单击"浏览"按钮，然后选中图像；也可以在"背景图像"文本框中输入背景图像的路径。与浏览器一样，如果图像不能填满整个窗口，Dreamweaver 会平铺（重复）背景图像。若要禁止背景图像以平铺方式显示，可使用层叠样式表禁用图像平铺。

（6）重复：指定背景图像在页面上的显示方式。

● 非重复：将仅显示背景图像一次。

● 重复：横向和纵向重复或平铺图像。

● 横向重复：横向平铺图像。

● 纵向重复：纵向平铺图像。

（7）左、右、上、下边距：指定页面左边距、右边距、上边距和下边距的大小。

2．设置"外观(HTML)"

在"页面属性"对话框中选择"外观(HTML)"类别，如图 3-55 所示。此类别中设置的属性会导致页面采用 HTML 格式，而不是 CSS 格式。

图 3-55　设置"外观(HTML)"页面属性

（1）背景图像：设置背景图像，方法是单击"浏览"按钮，然后选中图像；也可以在"背景图像"框中输入背景图像的路径。与浏览器一样，如果图像不能填满整个窗口，Dreamweaver 会平铺（重复）背景图像。（若要禁止背景图像以平铺方式显示，可使用层叠样式表禁用图像平铺。）

（2）背景：设置页面的背景颜色，方法是单击"背景颜色"框并从颜色选择器中选择一种颜色。

（3）文本：指定显示字体时使用的默认颜色。

（4）链接：指定应用于链接文本的颜色。

（5）已访问链接：指定应用于已访问链接的颜色。

（6）活动链接：指定当鼠标（或指针）在链接上单击时应用的颜色。

（7）左边距和上边距：指定页面左边距和上边距的大小。

3．设置"链接(CSS)"

在"页面属性"对话框中选择"链接(CSS)"类别，如图 3-56 所示，可以定义默认字体、字体大小、链接的颜色、已访问链接的颜色和活动链接的颜色。

图 3-56　设置"链接(CSS)"页面属性

（1）链接字体：指定链接文本使用的默认字体系列，默认情况下 Dreamweaver 使用为整个页面指定的字体系列（除非您指定了另一种字体）。

（2）大小：指定链接文本使用的默认字体大小。

（3）链接颜色：指定应用于链接文本的颜色。

（4）已访问链接：指定应用于已访问链接的颜色。

（5）变换图像链接：指定当鼠标（或指针）位于链接上时应用的颜色。

（6）活动链接：指定当鼠标（或指针）在链接上单击时应用的颜色。

（7）下划线样式：指定应用于链接的下划线样式。如果页面已经定义了一种下划线链接样式（例如通过一个外部 CSS 样式表），"下划线样式"菜单默认为"不更改"选项。该选项会提醒您已经定义了一种链接样式。如果您使用"页面属性"对话框修改了下划线链接样式，Dreamweaver 将会更改以前的链接定义。

4．设置"标题(CSS)"

在"页面属性"对话框中选择"标题(CSS)"类别，如图 3-57 所示，可以定义标题 1 到标题 6 的默认字体、字体大小、字体颜色等。

图 3-57　设置"标题(CSS)"页面属性

（1）标题字体：指定标题使用的默认字体系列，Dreamweaver 将使用您指定的字体系列，除非已为某一文本元素专门指定了另一种字体。

（2）标题 1 至标题 6：最多指定六个级别的标题标签使用的字体大小和颜色。

5．设置"标题/编码"

在"页面属性"对话框中选择"标题/编码"类别，如图 3-58 所示，可以设置网页在浏览器窗口标题栏中显示的页面标题，并指定特定制作 Web 页面时所用语言的文档编码类型，以及指定要用于该编码类型的 Unicode 范式。

图 3-58　设置"标题/编码"页面属性

（1）标题：指定在"文档"窗口和大多数浏览器窗口的标题栏中显示的页面标题。

（2）文档类型（DTD）：指定一种文档类型定义。例如，可从弹出菜单中选择 XHTML 1.0 Transitional 或 XHTML 1.0 Strict，使 HTML 文档与 XHTML 兼容。

（3）编码：指定文档中字符所用的编码。如果选择 Unicode (UTF-8) 作为文档编码，则不需要实体编码，因为 UTF-8 可以安全地表示所有字符。如果选择其他文档编码，则可能需要用实体编码才能表示某些字符。

（4）重新载入：转换现有文档或者使用新编码重新打开它。

（5）Unicode 标准化表单：仅在您选择 UTF-8 作为文档编码时才启用。有 4 种 Unicode 范式，最重要的是范式 C，因为它是用于万维网的字符模型的最常用范式，其他 3 种 Unicode 范式作为补充。

6．设置"跟踪图像"

在"页面属性"对话框中选择"跟踪图像"类别，如图 3-59 所示，可以插入一个图像文件，并在设计页面时使用该文件作为参考。

图 3-59　设置"跟踪图像"页面属性

（1）跟踪图像：跟踪图像在设计网页时通常作为网页背景，用于引导网页的设计。该图像只供参考，在浏览器中不显示。

（2）透明度：确定跟踪图像的不透明度，从完全透明到完全不透明。

【例 3.2】在"个人网站"站点中创建网站首页 index.html，设置网页的标题为"我的首页"，页面的背景颜色为#B85EEF，字体为仿宋，颜色为#00FF00，大小为 18px，把网页保存到站点文件夹 D:\mysite 中。

操作步骤如下：

（1）选择"文件"→"新建"命令，在弹出的"新建文档"对话框（如图 3-60 所示）最左侧一栏中选择"新建文档"选项，在"文档类型"列表框中选择 HTML 选项，在右侧的"框架"列表框中单击"无"，在"标题"文本框中输入"我的首页"，然后单击"创建"按钮即可创建一个空白文档，如图 3-61 所示。

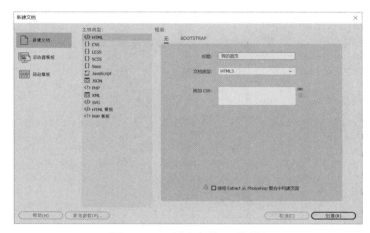

图 3-60　"新建文档"对话框

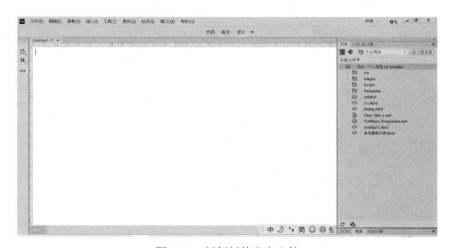

图 3-61　新创新的空白文档

（2）选择"文件"→"保存"命令，如图 3-62 所示，弹出"另存为"对话框，设置保存路径为 D:\mysite，在"文件名"文本框中输入 index.html，如图 3-63 所示，单击"保存"按钮。

图 3-62 "保存"命令

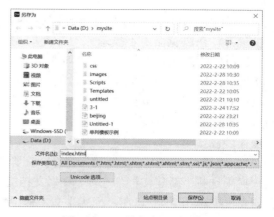

图 3-63 "另存为"对话框

（3）返回到 Dreamweaver 的界面中，选择"文件"→"页面属性"命令，如图 3-64 所示。

图 3-64 "页面属性"命令

（4）在弹出的"页面属性"对话框的"分类"列表框中选择"外观(CSS)"，设置"页面字体"为仿宋，"大小"为 18px，"文本颜色"为#00FF00，"背景颜色"为#B85EEF，如图 3-65所示。

图 3-65 "页面属性"对话框"外观(CSS)"分类

（5）在"分类"列表框中选择"标题/编码"，可以看到在标题右侧的文本框中显示了"我的首页"，文档类型为 HTML5，编码为 UTF-8，如图 3-66 所示。

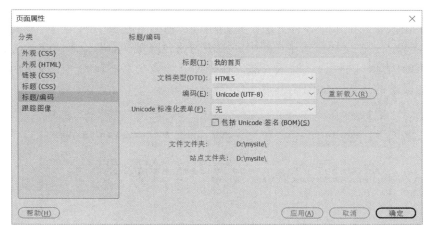

图 3-66 "页面属性"对话框的"标题/编码"分类

（6）单击"确定"按钮，按要求设置后的网页效果如图 3-67 所示。

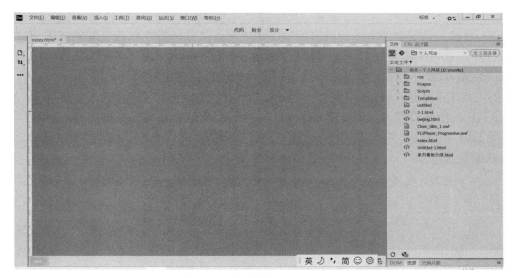

图 3-67 设置好的 index.html

3.3 网页中的文本

文本是网页最基本的信息载体和元素，要通过网页传递相关信息，文本是必不可少的元素。一个再绚丽的网页也需要有文本元素才能表达出真正想要传达的含义。在网页文档中运用丰富的字体、多样的格式以及赏心悦目的文本效果，对网站设计师来说是必不可少的技能。本节将在网页中添加文本、水平线、特殊符号、时间和注释等，并对网页中的文本进行相关设置，让文本在网页中显得更加贴切。

3.3.1 录入文本

1. 输入普通文本

在网页中输入普通文本有 3 种方法：直接输入、粘贴剪贴板中的文本、从其他文档导入。

（1）直接输入。在文档窗口中（即中间大块的白色区域）需要输入文字的位置单击鼠标，出现光标并不断闪烁，选择合适的输入法，在光标处输入文字，输完一个段落后按 Enter 键，然后进行其他段落的输入，如图 3-68 所示。

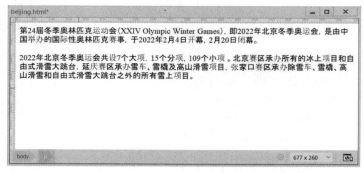

图 3-68 在文档窗口中直接输入文本

（2）粘贴剪贴板中的文本。网页中的文本也可以从其他程序和网页复制或剪切过来，打开其他程序，选中需要复制的文本内容，按 Ctrl+C 组合键将所选文字复制到剪贴板上，切换到 Dreamweaver 窗口，在文档窗口的恰当位置单击鼠标左键定位光标，按 Ctrl+V 组合键将剪贴板上的文字粘贴到当前光标位置。

（3）从其他文档导入。可以把 Excel 文件或数据库文件导入到网页中，具体操作方法是：把光标定位在需要插入文字的位置，选择"文件"→"导入"命令，如图 3-69 所示，可以导入表格式数据等。

图 3-69 从其他文档导入文本

2．输入特殊字符

在输入文字时，有些特殊的字符在键盘中找不到，可以通过 Dreamweaver 中输入特殊字符的功能进行输入，如注册商标、版权符号等。插入特殊字符可以采用两种方法：一种是在"插入"→HTML→"字符"的级联菜单中选择字符名称，如图 3-70 所示；另一种是单击"插入"面板上 HTML 子面板中的"字符"下拉按钮，在弹出的下拉列表中选择相应的字符，如图 3-71 所示。

图 3-70　"插入"菜单　　　　　　　　　图 3-71　"插入"面板

3．插入换行符

网页的外观是否美观很大程度上取决于文字排版。在页面中出现大段的文字时，通常采用换段和换行进行规划。换段与换行的效果不同，如图 3-72 所示。两个效果的 HTML 代码也不一样，对文字分段常用<p></p>标签，即段落的开始用<p>标签，段落的结束用</p>标签；换行的位置用单标签
强制换行。

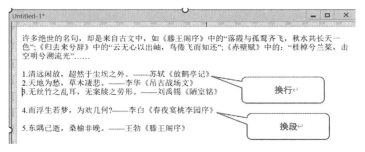

图 3-72　换段与换行效果对比

插入换行符的方法有 3 种：一种是选择"插入"→HTML→"字符"命令，在级联菜单中选择"换行符"；另一种是单击"插入"→HTML→"字符"下拉按钮，在弹出的下拉列表中选择"换行符"；更快捷的方法是在需要换行的位置直接按 Shift+Enter 组合键。

4. 插入水平线

Dreamweaver 中提供了修饰段落的水平分隔线，在很多场合中可以轻松使用，不需要另外作图。插入水平线的具体步骤如下：

（1）鼠标定位在需要插入水平线的位置。

（2）选择"插入"→"水平线"命令，如图 3-73 所示；也可以单击"插入"面板 HTML 子面板中的"水平线"按钮，如图 3-74 所示，即在当前光标位置插入了一条水平线。

图 3-73　"插入"菜单插入水平线

图 3-74　"插入"面板插入水平线

如果需要设置水平线的属性，可以选定水平线，在下方的"属性"面板中就会出现水平线的相关属性，如图 3-75 所示，在其中修改相应的选项即可。

图 3-75　"水平线"的属性

在水平线"属性"面板上，"宽"和"高"用来设置水平线的宽度和高度（有像素和百分比两种单位）；"对齐"用于设置水平线的对齐方式；"阴影"用于设置水平线的显示方式，选中该复选项表示有阴影，否则无阴影。

在该面板上不能设置水平线的颜色，如果要设置水平线的颜色，可以在"代码"视图中进行，方法为：水平线的标记是<hr/>，将光标放在 hr 之后输入一个空格，此时会出现属性列表框，从列表框中选择 color 并双击，则在 hr 后会出现 color 属性，并弹出一个选择颜色调色板，单击选择设计需要的水平线颜色。

注意：①在代码视图中设置完水平线颜色后，在设计视图中看不到水平线颜色的变化，需要保存文件之后在浏览器中预览才可以看到修改效果；②属性面板上所更改的属性是有限的，如果要设置对象属性，而在属性面板上又无法设置，则用户可以采用上述方法在代码视图中进行修改。

5. 插入日期

Dreamweaver 提供了一个方便的日期对象，该对象可使用户以喜欢的格式插入当前日期，还可以选择在每次保存文件时都自动更新日期。

（1）插入日期、星期和时间。将插入点移到要插入日期的位置，选择"插入"→"日期"命令，或者在右侧插入栏中选择常用类，然后单击"日期"按钮，在弹出的"插入日期"对话框中选择一种日期格式，单击"确定"按钮完成日期的插入，如图 3-76 所示。

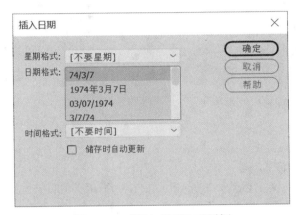

图 3-76　"插入日期"对话框

若要插入星期或时间，则在"插入日期"对话框中选择一种星期格式或时间格式；若插入日期时不插入星期或时间，则在对话框的星期格式或时间格式中分别选择"不要星期"或"不要时间"。

（2）插入更新日期。如果希望插入的日期能够随着时间的变化而自动更新，则在"插入日期"对话框中勾选"储存时自动更新"复选项。

（3）修改日期。要修改网页中已插入的日期，有以下两种方法：

1）若没有勾选"储存时自动更新"复选项，则需要手动修改日期。

2）若勾选了"储存时自动更新"复选项，则选中日期后可在属性面板中单击 编辑日期格式 按钮，同样弹出"插入日期"对话框，在其中编辑修改日期格式。

6. 输入连续空格

在 Dreamweaver 2021 中，在文本开始处按空格键是不会输入空格的，在文字之间一般只能输入半个空格，若要输入连续空格，可以采用下面几种方法中的一种：

（1）选择"编辑"→"首选项"命令，弹出"首选项"对话框，选择"分类"栏中的"常规"选项，然后在右侧的"编辑选项"中勾选"允许多个连续的空格"复选项，如图 3-77 所示。

（2）选择"插入"→HTML→"不换行空格"命令，执行一次输入半个空格。

（3）按住 Ctrl+Shift 组合键，按一次空格键输入半个空格。

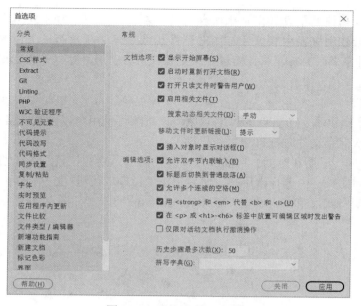

图 3-77   "首选项"对话框

3.3.2   编辑文本

1. 设置文本的字体格式

在网页中设置合适的文字格式,是保证网页外观整洁漂亮的关键因素。最基本的文字格式包括文字字体、颜色、粗体、斜体、下划线等。设置文字格式有两种方法,选择需要设置格式的文本后,一是利用"工具"→HTML 菜单中的相关命令,如图 3-78 所示;二是利用"属性"面板,如图 3-79 所示。

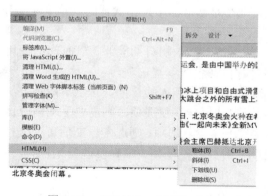

图 3-78   "工具"→HTML 命令

图 3-79   "属性"面板

（1）设置字体。若全文的字体都要统一设置为某种格式，可以选择"文件"→"页面属性"命令，在弹出的"页面属性"对话框"外观(CSS)"分类的"页面字体"中进行设置，这样文档中的所有文字都会采用同一种字体。

如果是设置某些文字的字体，则步骤如下：

1）在文档窗口中选定要设置字体的文本。

2）单击"属性"面板 CSS 中"字体"右边的"默认字体"下拉按钮，在下拉列表中选择需要的字体，如图 3-80 所示。

图 3-80　"属性"面板中的"字体"按钮

3）如果下拉列表中没有所需的字体，则需要选择"管理字体"选项，弹出"管理字体"对话框，选择"自定义字体堆栈"选项，在"可用字体"列表框中选择需要使用的字体，单击 << 按钮，所选字体就会出现在左边的"选择的字体"列表框中，如图 3-81 所示，单击"完成"按钮。

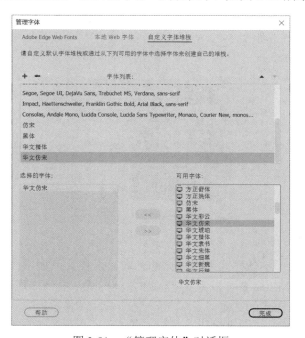

图 3-81　"管理字体"对话框

4）单击"属性"面板 CSS 中"字体"右边的"默认字体"下拉按钮，在下拉列表中显示了刚才选择的字体，如图 3-82 所示，选择该字体即可。

图 3-82　"默认字体"下拉列表中出现刚选的字体

（2）设置字号。字号是指字体的大小，可以通过"属性"面板 CSS 中的"大小"按钮进行设置，具体步骤如下：

1）选中需要设置字号的文本。

2）在"属性"面板的 CSS 中单击"大小"右侧的下拉按钮，选择相应的字号。如果下拉列表框中没有相应字号大小，也可以在"大小"右侧的文本框中直接输入，然后按 Enter 键。

如果希望设置字符相对默认字符大小的增减量，可以在同一个下拉列表框中选择 xx-small、xx-large 或 smaller 等选项。如果希望取消字号的设置，可以选择"无"选项。

（3）设置字体颜色。丰富的字体颜色可以增强网页的表现力，设置字体颜色的具体步骤如下：

1）选中需要设置颜色的文本。

2）在"属性"面板的 CSS 中，单击"文本颜色"按钮，打开 Dreamweaver 2021 颜色色板，从中选择需要的颜色，如图 3-83 所示，也可以在"文本颜色"按钮右侧的文本框中直接输入颜色的十六进制数值。

图 3-83　颜色色板

（4）设置字体样式。字体样式是指字体的外观显示样式，如字体的加粗、倾斜、下划线等，利用"工具"→HTML 命令可以为文字添加各种样式，具体步骤如下：

1）选定要设置字体样式的文本。

2）选择"工具"→HTML→"粗体"命令，可以将选定的文字加粗显示，如图 3-84 所示，"斜体"命令可以将选定的文字显示为倾斜样式，如图 3-85 所示；"下划线"菜单命令可以在选定文字的下方添加一条下划线，如图 3-86 所示；"删除线"命令会在选定文字的中部横贯一条横线，如图 3-87 所示。

常回家看看

图 3-84　粗体效果

常回家看看

图 3-85　斜体效果

<u>常回家看看</u>

图 3-86　下划线效果

~~常回家看看~~

图 3-87　删除线效果

2. 设置文本的段落格式

在文档窗口中每输入一段文字，按 Enter 键后就会自动形成一个段落。段落格式设置包括两种情况，对单个段落设置格式和同时对多个段落设置格式。对单个段落设置格式可将插入点定位到该段落内，对多个段落同时设置格式则要先选中这些段落。

（1）设置段落文字为标题格式。在"属性"面板 HTML 上的"段落格式"下拉列表中有六级标题（标题 1 至标题 6），默认每级标题的文字大小依次递减，使用它可以把文字设置为标题格式，如图 3-88 所示。也可以通过"编辑"→"段落格式"命令给选定文字设置相应的标题格式，如图 3-89 所示。

图 3-88　"属性"面板设置标题格式

图 3-89　"编辑"→"段落格式"命令

具体操作步骤如下：

1）选定需要设置段落格式的文本。

2）单击"属性"面板 HTML 中"格式"右边的下拉按钮，在下拉列表中选择需要的格式。也可以选择"编辑"→"段落格式"，在级联菜单中选择对应的标题。图 3-90 所示是文字设置为标题 1 至标题 6 的效果。

图 3-90 文字设置为标题 1 至标题 6 的效果

"属性"面板中"预先格式化的"命令指的是预先对<pre>和</pre>之间的文字进行格式化，浏览器在显示其中的内容时就会完全按照真正的文本格式来显示，即原封不动地保留文档中的空白和制表符等。

（2）设置文本对齐方式。文本的对齐方式其实指的是段落的对齐方式，指段落相对文档窗口在水平位置的对齐方式，有左对齐、居中对齐、右对齐和两端对齐 4 种对齐方式。设置段落对齐方式可以利用"属性"面板来实现，具体步骤如下：

1）将光标定位在要设置对齐方式的段落中。

2）单击"属性"面板 CSS 中的对齐按钮，如图 3-91 所示。

图 3-91 "属性"面板中的对齐方式

（3）设置段落的缩进或凸出。在强调一段文字或引用其他来源的文字时，需要对文字进行段落缩进，以表示和普通段落有区别。缩进主要是指内容相对于文档窗口左端产生的间距。

将光标放置在要设置缩进的段落中，如果要缩进多个段落，则选择多个段落，选择"编辑"→"文本"，在级联菜单中选择"缩进"命令（或按 Ctrl+Alt+]组合键），即可将选定段落往右缩进一段位置；也可以单击"属性"面板 HTML 中的"内缩区块"按钮 ≛ 实现。

凸出是指将当前段落往左恢复一段缩进位置，可以通过选择"编辑"→"文本"，在级联菜单中选择"凸出"命令（或按 Ctrl+Alt+[组合键）实现，另一种方法是单击"属性"面板"HTML"中的"删除内缩区块"按钮。

3．查找和替换文本内容

如果要在文档中查找或替换某个文字，可以利用 Dreamweaver 2021 提供的查找和替换功能。选择"查找"→"在文件中查找和替换"命令，弹出"查找和替换"对话框，如图 3-92 所示。

图 3-92　"查找和替换"对话框的"基本"选项卡

在"基本"选项卡中，可以在"查找"文本框中输入需要查找或替换的文字；在"查找范围"栏中，可以通过单击其右侧的 ∨ 按钮来选择 Dreamweaver 2021 提供的 5 种范围：当前文档、打开的文档、文件夹、站点中选定的文件和整个当前本地站点。在"替换"文本框中输入替换后的文字。完成相关设置后单击"查找全部"或"替换全部"按钮，可以完成查找和替换。

如果需要设置比较复杂的查找条件，可以单击"高级"选项卡（如图 3-93 所示），在其中设置"查找位置""查找条件""动作"等，利用这些功能可以很轻松地完成在各种复杂条件下的查找和替换。

图 3-93　"查找和替换"对话框的"高级"选项卡

4．项目列表和编号列表

列表常用于为文档设置自动编号、项目符号等格式信息。列表分为两类：一类是项目列表，这类列表项目前的项目符号是相同的，并且各列表项之间是平等的关系，又称无序列表；另一类是编号列表，这类列表项目前的项目符号是按顺序排列的数字编号，并且各列表项之间是顺序排列的关系，又称有序列表。列表项可以多层嵌套，使用列表可以实现复杂的结构层次效果。

（1）项目列表。创建项目列表有两种方法：直接创建项目列表和将现有的文本或段落转化为项目列表。

1）直接创建项目列表。将光标置于网页中要插入项目列表的位置，选择"编辑"→"列表"→"无序列表"命令，或者单击"属性"面板 HTML 中的"无序列表"按钮 ，此时在插入位置前就会显示一个小黑圆点，表示当前插入的是项目列表。

输入文字后按 Enter 键，这时在新的一行会出现相同的项目符号，可以在该符号后再次输入文字，使用相同的方法创建列表内容。当需要在一个列表项中输入多行内容时，可以使用 Shift+Enter 组合键（或添加
标签）换行。

当需要结束列表编辑时，连续按下两次 Enter 键即可。

2）将现有的文本或段落转化为项目列表。选择要转换为列表的文本区域，选择"编辑"→"列表"→"无序列表"命令，或者单击"属性"面板 HTML 中的"无序列表"按钮 ，选中文本区域的每一段都将被设置为列表的一个项目。

创建项目列表后，还可以通过选择"编辑"→"列表"→"属性"命令打开如图 3-94 所示的"列表属性"对话框，在其中可对项目列表的列表类型、样式等进行设置。

（2）编号列表。创建编号列表可以使文本更加清晰、有条理，而默认情况下编号列表前的项目符号是以数字进行有序排列的。在网页文档中创建编号列表的方法与创建项目列表的方法基本相似，都可以通过"属性"面板和菜单命令进行创建。

通过"属性"面板创建编号列表：将插入点定位到需要创建编号列表的位置，在其"属性"面板的 HTML 中单击"编号列表"按钮，则会在插入点的位置出现数字编号，输入文本后按 Enter 键，依次输入文本即可，效果如图 3-95 所示。

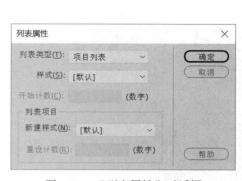

图 3-94　"列表属性"对话框

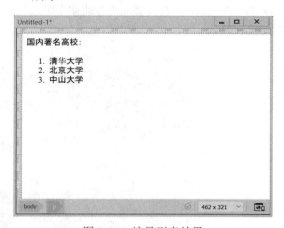

图 3-95　编号列表效果

（3）列表的嵌套。列表可以嵌套，创建嵌套列表的操作步骤如下：

1）定义一个列表。

2）将鼠标置于第三项（OFFICE 办公软件）最右边，按 Enter 键，然后选择"编辑"→"文本"→"缩进"命令。

3）输入嵌套列表的内容，效果如图 3-96 所示。

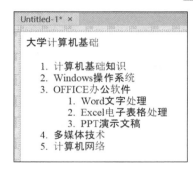

图 3-96　列表的嵌套效果

编号列表和项目列表可以进行混排，例如在设置好嵌套的编号列表后，选择列表的第二层，如"Word 文字处理""Excel 电子表格处理""PPT 演示文稿"三项，单击"属性"面板 HTML 中的"项目列表"按钮，则这三项左边的数字编号会变为项目符号。

【例 3.3】在 Dreamweaver 2021 中打开 3-3.html，设置网页标题为"例 3.3 示例"，输入《常回家看看》的歌词，歌词标题设置为黑体、36px、红色、粗体；标题正下方插入可更新的日期；歌词内容设置为楷体、24px、蓝色、倾斜；歌词正下方插入一条水平线，宽度为 80%；水平线下方输入文字"版权所有©作者"；所有文本都采用居中对齐，网页最终效果如图 3-97 所示。

图 3-97　例 3.3 的网页效果

具体步骤如下：

（1）在 Dreamweaver 2021 中打开 3-3.html。

（2）选择"文件"→"页面属性"命令，弹出"页面属性"对话框，单击"标题/编码"分类，在"标题"文本框中输入"例 3.3 示例"，如图 3-98 所示，单击"确定"按钮。

（3）在文档中输入《常回家看看》的歌词，如图 3-99 所示，在标题后面按 Enter 键进行换段，歌词内容中每一行按 Shift+Enter 组合键换行。

（4）选定标题，选择"窗口"→"属性"命令，打开"属性"面板，在 CSS 中设置字体为黑体，大小为 36px，字体颜色为#FF0000；选择"工具"→"HTML"→"粗体"命令。这样标题格式就设置好了，效果如图 3-100 所示。

图 3-98　设置网页标题

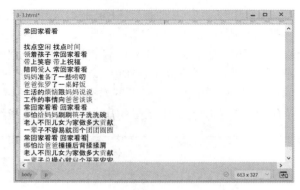

图 3-99　输入歌词文本

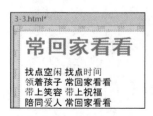

图 3-100　标题效果

（5）将光标定位在标题后，按 Enter 键，选择"插入"→"日期"命令，在弹出的"插入日期"对话框中按图 3-101 所示进行设置，最后单击"确定"按钮，可以自动更新的日期就插入在标题正下方了，如图 3-102 所示。

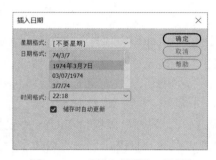

图 3-101　"插入日期"对话框

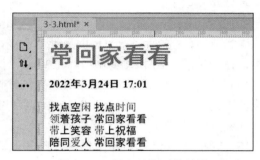

图 3-102　插入日期后的效果

（6）选定歌词内容，在"属性"面板的 CSS 中设置字体为楷体，大小为 24px，字体颜色为#0000FF；选择"工具"→HTML→"斜体"命令，效果如图 3-103 所示。

常回家看看

2022年3月24日 17:01

找点空闲 找点时间
领着孩子 常回家看看
带上笑容 带上祝福
陪同爱人 常回家看看
妈妈准备了一些唠叨
爸爸张罗了一桌好饭
生活的烦恼跟妈妈说说
工作的事情向爸爸谈谈
常回家看看 回家看看
哪怕给妈妈刷刷筷子洗洗碗
老人不图儿女为家做多大贡献
一辈子不容易就图个团团圆圆
常回家看看 回家看看
哪怕给爸爸捶捶后背揉揉肩
老人不图儿女为家做多大贡献
一辈子总操心就问个平平安安

图 3-103 正文效果

（7）将光标定位在歌词内容最后一句后，按 Enter 键，选择"插入"→HTML→"水平线"命令，水平线插入在内容正下方，选定水平线，在"属性"面板中设置宽度为 80%，如图 3-104 所示。

图 3-104 水平线属性设置

（8）将光标定位在水平线后，按 Enter 键，输入文字"版权所有"，再选择"插入"→HTML→"字符"→"版权"命令，版权符号就插入到了当前光标位置，接着输入文字"作者"，如图 3-105 所示。

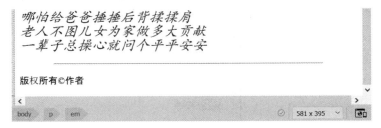

图 3-105 插入版权符号

（9）选定所有文本，单击"属性"面板 CSS 中的"居中对齐"命令，将所有文本设置为居中对齐，效果如图 3-106 所示。

图 3-106　居中对齐后的效果

（10）保存文档为 3-3.html，按 F12 功能键预览。

【例 3.4】新建网页文档 3-4.html，设置标题为"例 3.4 示例"，在其中分段输入"清华大学""复旦大学""中山大学""广州大学"，并复制粘贴一遍，给输入的文字添加无序列表，给复制粘贴的文字添加编号列表，效果如图 3-107 所示。

图 3-107　例 3.4 效果

具体步骤如下：

（1）选择"文件"→"新建"命令，新建一个 HTML 文档，设置文档标题为"例 3.4 示例"，在其中分段输入"清华大学""复旦大学""中山大学""广州大学"，效果如图 3-108 所示。

图 3-108　输入文字

（2）选定文档中的文字，按 Ctrl+C 组合键复制，把光标定位在"广州大学"后，按 Enter 键，再按 Ctrl+V 组合键粘贴。

（3）选定前面四段文字，单击"属性"面板 HTML 中的"无序列表"按钮，如图 3-109 所示，在文字左边自动添加了项目符号，如图 3-110 所示。

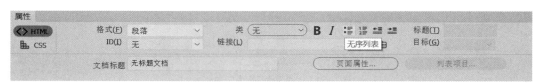

图 3-109　"属性"面板中的"无序列表"按钮

图 3-110　添加无序列表后的效果

（4）选定后面四段文字，单击"属性"面板 HTML 中的"编号列表"按钮，如图 3-111 所示，在文字前方自动添加阿拉伯数字排序的编号列表，如图 3-112 所示。

图 3-111　"属性"面板中的"编号列表"按钮

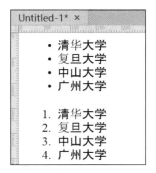

图 3-112　添加编号列表后的效果

（5）选择"编辑"→"列表"→"属性"命令，弹出"列表属性"对话框，按图 3-113 所示进行设置，最后单击"确定"按钮。

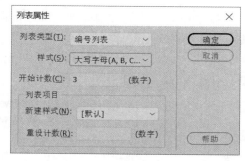

图 3-113 "列表属性"对话框

（6）保存文档为 3-4.html，按 F12 功能键预览。

3.4 美化网页

在网页设计中，图像是使用频繁和重要性仅次于文字的页面元素，起到画龙点睛的作用，使得文档更具吸引力，更好地表现主题。但因为图像所占用的存储空间较大，在网页上加入的图片越多，浏览网页的速度就会越慢。因此，制作网页时需要合理、有序地加入图像元素，使网页更好地表现网站的主题思想，使版面图文并茂、丰富多彩，吸引更多的浏览者。

3.4.1 网页常用的图像格式

网页中使用的图像可以是 GIF、JPEG、BMP、TIFF、PNG 等格式，目前使用最广泛的是 GIF、JPEG 和 PNG 三种格式。

1．GIF 图像（图形交换格式）

GIF（Graphics Interchange Format）格式是由 Compu Serve 公司开发的与设备无关的图像存储标准，也是 Web 上应用最早最广泛的图像格式，文件扩展名为.gif。GIF 格式通过减少组成图像的每个像素的储存位数和采用一种基于 LZW 算法的连续色调的无损压缩格式来减少图像文件的大小。GIF 格式的图像具有以下特点：图像文件短小，下载速度快，低颜色数时比JPEG 格式装载得更快，可以用许多相同大小的图像文件组成动画，支持背景透明图像，使图像具有非同一般的显示效果。最适合显示色调不连续或具有大面积单一颜色的图像，例如网页中的导航条、按钮、图标或其他具有统一色彩和色调的图像。

2．JPEG 图像（联合图像专家组）

JPEG（Joint Photographic Experts Group）格式是目前互联网中最受欢迎的图像格式，此类文件的一般扩展名为.jpeg 或.jpg。JPEG 格式可支持多达 1670 万种颜色，能展现十分丰富生动的图像，而且还能把文件压缩到最小。由于它采用的是以损失图像质量为代价的压缩方式，压缩比越高，图像质量损失越大，图像文件就越小，因此在网络上的传输也就越快。同时它是一种很灵活的格式，具有调节图像质量的功能，允许用不同的压缩比对文件进行压缩，支持多种压缩级别，压缩比通常在 10∶1 到 40∶1 之间，所以在网页中使用 JPEG 图像时不妨多试几次不同的压缩比，以找到压缩比与失真度之间的最佳结合点。

3．PNG 图像（便携式网络图形）

PNG（Portable Network Graphics）是 20 世纪 90 年代中期开发的一种新兴的网络图像格式，

文件扩展名为.png。PNG 使用从 LZ77 派生的无损数据压缩算法，可保留所有原始层、矢量、颜色和效果信息（例如阴影），并且在任何时候图片中的元素都是可编辑的。因此，它同时具备了 GIF 和 JPEG 的优点，具有高保真性、透明性和文件大小较小等特性。与 GIF 相比，它可以把文件压缩得更小，也可以利用 Alpha 通道保存部分图像，还支持 24 位真彩色；与 JPEG 相比，它可以保持图像的透明性，使图像具有非同一般的显示效果。

3.4.2　插入图像

在网页中，图像通常用于添加图形界面（如导航按钮）、具有视觉感染力的内容（如照片）或交互式设计元素（如图像地图、鼠标经过图像等）。在制作网页时，为了保证图像文件所在目录的正确性，插入的图像应该和网页位于同一个站点内，如果图像不在当前站点，Dreamweaver 会提示用户将文件复制到当前站点的文件夹中。

在 Dreamweaver 中插入图像的方法如下：

（1）将光标置于要插入图像的位置。

（2）执行下列操作之一，插入图像。

● 在"插入"面板的 HTML 组中单击 Image 按钮 ▨ Image 。

● 直接拖曳"插入"面板 HTML 组中的"插入图像"按钮▣至页面的光标处。

● 选择"插入"→"Image"命令。

● 按 Ctrl+Alt+I 组合键。

（3）无论使用哪种方法，都会弹出"选择图像源文件"对话框，如图 3-114 所示。在其中需要设置插入图像所在的位置，并找到需要插入的图像文件。

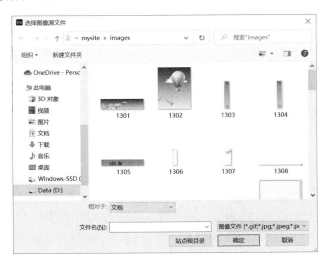

图 3-114　"选择图像源文件"对话框

（4）单击"确定"按钮，图片就会插入到文档中。

3.4.3　设置图像属性

在文档中，单击一个图像即可将其选中，被选中的图像周围会出现选择框和三个控制点。通过手动调整三个控制点可以改变图像的大小。按住 Shift 键，再拖动角上的控制点，可以使图像在拉伸过程中保持宽高比不变。一般来说，在插入图像之前，应该利用其他图像处理软件对图像进行效果处理，并根据其在网页中所占位置的宽度和高度进行裁切或压缩，不推荐直接在 Dreamweaver 中缩放图像。

在网页中选中图像后，可通过"属性"面板对图像的相关属性进行设置，如图 3-115 所示。

图 3-115   图像的"属性"面板

（1）图像大小及 ID：在"属性"面板的左上角显示当前图像的缩略图，同时显示该图像文件的大小。在缩略图右侧有一个文本框，在其中可以输入图像的标记名称（ID）。在使用 Dreamweaver 进行操作（例如交换图像）或编写脚本代码时可以通过 ID 引用该图像。图像名称的命名规则是使用英文，不能使用特殊字符，不能有空格。

（2）"宽"和"高"：设置在浏览器中显示图像的宽度和高度，以像素或百分比为单位。由于宽高比已锁定，因此如果修改了"宽"或"高"的任意一项，另一项也自动跟着变化。可以单击"锁定"按钮 🔒 取消锁定宽高后根据实际需求输入宽度和高度。如果修改了图像的大小后要恢复图像的原始值，可单击"宽"和"高"文本框右侧的"恢复图像到原始大小"按钮。

（3）图像源文件：用于指定图像的路径。单击 Src 文本框右侧的"浏览文件"按钮，弹出"选择图像源文件"对话框，可从中选择图像文件；或直接在文本框中输入图像路径。

（4）链接：用于指定图像的链接文件。可以拖动"指向文件"按钮到"文件"面板中的某个文件创建链接；也可以单击右侧的"浏览文件"按钮，弹出"选择文件"对话框，从中选择要链接的文件；或直接在文本框中输入文件的 URL 地址。

（5）地图：用于创建客户端图像的热区，在右侧的文本框中可以输入地图的名称，输入的名称只能包含字母和数字，且必须以字母开头。

（6）"热点工具"按钮。在属性面板下方从左至右依次是指针热点工具、矩形热点工具、圆形热点工具、多边形热点工具。单击这些按钮，可以创建不同形状的图像热点链接。

（7）目标：用于指定链接页面在框架或窗口中的打开方式，有_blank、_parent、_self、_top 四种方式。

- _blank 方式：在弹出的新浏览器窗口中打开链接文件。
- _parent 方式：如果是嵌套的框架，会在父框架或窗口中打开链接文件；如果不是嵌套的框架，则与_top 方式相同，在整个浏览器窗口中打开链接文件。
- _self 方式：在当前网页所在的窗口中打开链接，此目标为浏览器默认的设置。
- _top 方式：在完整的浏览器窗口中打开链接文件，会删除所有的框架。

（8）原始：用于设置图像下载完成前显示的低质量图像，这里一般指 PNG 图像。单击旁边的"浏览文件"按钮，即可在弹出的对话框中选择低质量图像。

（9）替换：图像的替代文字，当用户的浏览器不能正常显示图像时，鼠标经过该图像位置时会用输入的文字替代图像。

（10）编辑：启动通过"编辑"→"首选项"命令指定的"外部编辑器"，如 Photoshop、Fireworks 等，并打开选定的图像进行编辑。

3.4.4　插入鼠标经过图像

"鼠标经过图像"是指当鼠标指针经过一幅图像时，该图像会显示为另一幅预先设置好的图像，当鼠标指针移开时，又会恢复为原始图像。在网页制作的过程中，这样的效果经常应用到广告、按钮中。"鼠标经过图像"实际上由两个图像组成：原始图像（首次载入页面时显示的图像）和替换图像（当鼠标指针移过原始图像时显示的图像）。

插入鼠标经过图像的具体操作步骤如下：

（1）光标定位在需要插入鼠标经过图像的位置。

（2）选择"插入"→HTML→"鼠标经过图像"命令，如图 3-116 所示；也可以单击"插入"面板 HTML 组中的"鼠标经过图像"按钮，如图 3-117 所示，弹出"插入鼠标经过图像"对话框，如图 3-118 所示。

图 3-116　通过菜单插入鼠标经过图像

图 3-117　通过面板插入鼠标经过图像

图 3-118　"插入鼠标经过图像"对话框

（3）在"图像名称"文本框中输入鼠标经过图像的名称。

（4）在"原始图像"文本框中输入原始图像的路径，或者单击"原始图像"文本框右侧的"浏览"按钮，在弹出的"原始图像"对话框中选择鼠标经过前的原始图像文件，如图3-119所示，单击"确定"按钮。

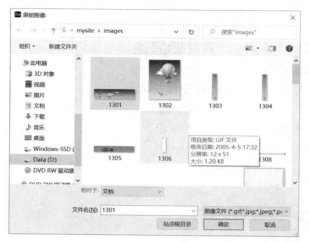

图3-119　"原始图像"对话框

（5）在"鼠标经过图像"文本框中输入鼠标经过图像的路径，或者单击"鼠标经过图像"文本框右侧的"浏览"按钮，在弹出的"鼠标经过图像"对话框中选择鼠标经过时显示的图像文件，单击"确定"按钮，如图3-120所示。

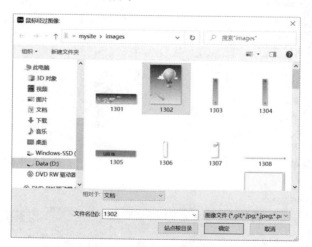

图3-120　"鼠标经过图像"对话框

（6）勾选"预载鼠标经过图像"复选项，这样可以将图像预先加载到浏览器的缓存中，加快图像的下载速度。

（7）在"替换文本"文本框中输入图像不能显示时显示出来的替换文字。

（8）在"按下时，前往的URL"文本框中输入链接的文件路径及文件名，表示在浏览网页时单击鼠标经过图像会打开的链接网页；也可以通过单击右边的"浏览"按钮，从弹出的对话框（如图3-121所示）中选择链接到的文件。

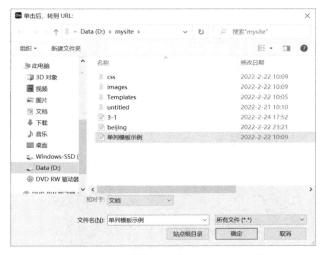

图 3-121　"单击后，转到 URL"对话框

（9）单击"确定"按钮，鼠标经过图像即可插入到网页文档中并保存文件，按功能键 F12 查看效果。

注意： 在制作"鼠标经过图像"效果时，原始图像和鼠标经过图像的大小必须一致，如果大小不相等，Dreamweaver 2021 会自动调整鼠标经过图像的大小，使之和原始图像的大小一致。

【例 3.5】打开 3-5.html，在正文第一段中插入 xiaoming 图像，将图像进行图文混排，效果如图 3-122 所示。

图 3-122　图文混排效果

具体操作步骤如下：

（1）打开 3-5.html，将光标定位在正文第一段，选择"插入"→Image 命令。

（2）弹出"选择图像源文件"对话框，如图 3-123 所示，选择 xiaoming.jpg 图像，单击"确定"按钮。

（3）图像插入到网页中，效果如图 3-124 所示。由于没有设置图文混排，图像所在行的行高很大，造成页面效果不佳。

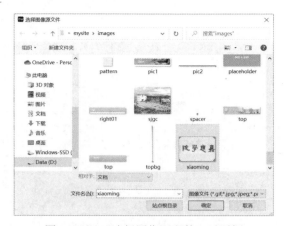

图 3-123　"选择图像源文件"对话框

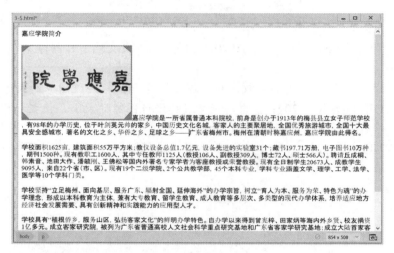

图 3-124　插入图像后的效果

（4）选中该图像并右击，在弹出的快捷菜单中选择"对齐"→"左对齐"选项，如图 3-125 所示。设置完毕后，可以拖动图片到合适的位置，按功能键 F12 预览，这样就实现了图文混排的效果。

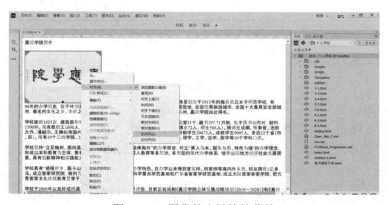

图 3-125　图像的右键快捷菜单

【例 3.6】打开 3-6.html 网页，在其中插入"鼠标经过图像"效果，设置原始图像为 sjgc.jpg，鼠标经过图像为 guangchang.jpg，鼠标经过前和鼠标经过的预览效果分别如图 3-126 和图 3-127 所示。

图 3-126　鼠标经过前的效果

图 3-127　鼠标经过的效果

具体操作步骤如下：

（1）打开 3-6.html，光标定位在需要插入鼠标经过图像的位置。

（2）选择"插入"→HTML→"鼠标经过图像"命令；也可以单击"插入"面板 HTML 组中的"鼠标经过图像"按钮。

（3）弹出"插入鼠标经过图像"对话框，单击"原始图像"文本框右侧的"浏览"按钮，在弹出的"原始图像"对话框中选择鼠标经过前的图像文件 sjgc.jpg，单击"确定"按钮；单击"鼠标经过图像"文本框右侧的"浏览"按钮，在弹出的"鼠标经过图像"对话框中选择鼠标经过时显示的图像文件 guangchang.jpg，单击"确定"按钮，回到"插入鼠标经过图像"对话框，如图 3-128 所示，最后单击"确定"按钮。

图 3-128　"插入鼠标经过图像"对话框设置

（4）鼠标经过图像即可插入到网页文档中，如图 3-129 所示，原始图像显示在文档中，鼠标经过图像暂未显示，可按功能键 F12 预览鼠标经过的效果。

图 3-129　鼠标经过图像插入到网页后的编辑状态

3.5　多媒体网页制作

早期的网页只是由纯文字或文字图像简单构成，页面显得单调，不够丰富多彩，现在随着多媒体技术的飞速发展，网页中应用多媒体技术越来越普遍，音乐、动画、视频等媒体已经广泛地出现在网页中，越来越多的音乐网站、电影网站、Flash 动画网站等出现在网络上。多媒体技术的应用增强了网页的表现效果，使网页更生动，激发了访问者的兴趣。

3.5.1　插入声音

1．网页中音频文件的格式

声音能极好地烘托网页的氛围，可以为网页插入悠扬动听的背景音乐，也可以在页面中链接各种声音文件，实现网上点歌，尽情享受音乐。在添加声音时，要考虑多种因素，如添加声音的目的、声音文件的大小、音质和不同浏览器的差异等。网页中常见的声音格式有 MIDI、WAV、AIF、MP3、RA 等，下面简单介绍几种较为常见的音频文件格式，以供大家在插入声音时适当选用。

- MIDI 或 MID（乐器数字接口）格式：用于乐器。许多浏览器都支持 MIDI 文件，并且不需要插件。很小的 MIDI 文件就可以提供较长时间的声音剪辑。MIDI 文件不能被录制并且必须使用特殊的硬件和软件在计算机上进行合成。
- AIF（音频交换文件格式）格式：与 WAV 格式类似，也具有较好的声音品质，大多数浏览器都可以播放并且不要求插件；同样其文件大小严格限制了可以在 Web 页面上使用的声音剪辑的长度。
- MP3（运动图像专家组音频，即 MPEG-3）格式：是一种压缩格式，它可使声音文件明显缩小。其声音品质非常好，如果正确录制和压缩 MP3 文件，其质量甚至可以和 CD 质量相媲美。MP3 技术可以对文件进行"流式处理"，访问者可以边下载边收听该文件。若要播放 MP3 文件，则必须下载并安装辅助应用程序或插件，如 QuickTime、Windows Media Player 或 RealPlayer。
- RA、RAM、RPM 或 Real Audio 格式：具有非常高的压缩比，文件大小要小于 MP3。全部歌曲文件可以在合理的时间范围内下载。该格式可对文件进行"流式处理"，所以访问者可以边听边下载，但必须下载并安装 RealPlayer 辅助应用程序或插件才可以播放这些文件。
- QT、QTM、MOV 和 QuickTime：是由 Apple Computer 开发的音频和视频格式。Apple Macintosh 操作系统中包含了 QuickTime 格式的文件，但是要求特殊的 QuickTime 驱动程序。

2．在网页中添加声音

在网页中添加音频有多种方法，这里介绍三种常用方法。

第一种方法是使用插件的方式将声音播放器直接插入到网页中，当访问者计算机上安装了相应的插件时，声音即可播放。可以通过选择"插入"→HTML→"插件"命令实现；或者单击"插入"面板 HTML 组中的"插件"按钮实现，具体操作步骤如下：

（1）将光标定位在需要插入音频的位置。

（2）选择"插入"→HTML→"插件"命令，如图 3-130 所示；或者单击"插入"面板 HTML 组中的"插件"按钮，如图 3-131 所示。

（3）弹出"选择文件"对话框，如图 3-132 所示，找到音频文件保存的位置，选择音频，单击"确定"按钮即可把音频插入到网页中。

第二种方法是在网页中插入 HTML5 音频的形式。通过选择"插入"→HTML→HTML5 Audio 命令实现；也可以单击"插入"面板 HTML 组中的 HTML5 Audio 按钮实现，具体操作步骤如下：

（1）将光标定位在需要插入音频的位置。

（2）选择"插入"→"媒体"→HTML5 Audio 命令，如图 3-133 所示。

图 3-130 通过"插入"菜单插入音频

图 3-131 通过"插入"面板插入音频

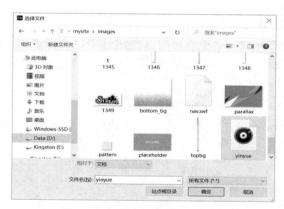

图 3-132 "选择文件"对话框

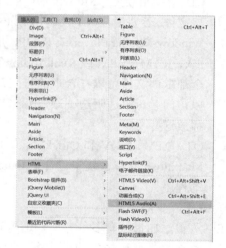

图 3-133 通过 HTML5 Audio 命令插入音频

（3）在网页中出现喇叭图标，如图 3-134 所示，选定该图标，在下方的"属性"面板中设置相应属性即可，如图 3-135 所示，包括"源"、Controls、Autoplay、Loop、Muted 等。

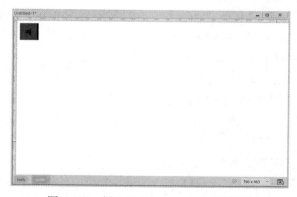

图 3-134 插入 HTML5 Audio 后的网页

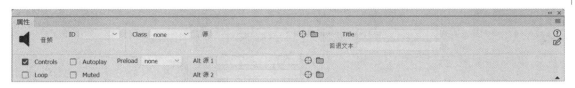

图 3-135　音频的"属性"面板

"属性"面板中各个属性的含义和功能如下：

- 源、Alt 源 1、Alt 源 2：指定音频文件的位置，可以是相对的 URL 也可以是绝对的 URL。不同浏览器对音频格式文件的支持有所不同，如果浏览器不支持"源"中指定的音频格式，则会使用 Alt 源 1 和 Alt 源 2 中指定的格式。
- 标题（Title）：设置音频文件的标题。
- 回退文本：在不支持 HTML5 的浏览器中显示的文本。
- 控件（Controls）：勾选前面的复选框，将会显示音频播放控件，控件包括播放、暂停、定位、音量、全屏切换、字幕（如果可用）、音轨（如果可用）。
- 自动播放（Autoplay）：勾选前面的复选框，音频将会自动播放。
- 循环（Loop）：勾选前面的复选框，音频将会循环播放。
- 静音（Muted）：勾选复选框，即可在下载之后将音频静音。
- 预加载（preload）：可选值有 auto（当页面加载后载入整个音频）、metadata（当页面加载后只载入元数据）和 none（当页面加载后不载入音频）。如果设置了前面的 Autoplay 属性，那么 Preload 将会被忽略。

第三种方法是通过链接的方式将声音文件作为页面上某种元素的超链接目标。这种方式可以让访问者选择是否要收听该文件，因为只有单击了超链接，且用户的计算机上安装了相应的播放器，才能收听音乐文件。具体的操作步骤如下：

（1）选定需要创建超链接的文字或图片。

（2）单击"属性"面板"链接"后面的"浏览文件"按钮，从弹出的"选择文件"对话框中选定相应音频、视频文件，单击"确定"按钮。

上网时经常会遇到一种情况，打开某个网站就会自动响起动听的音乐，这是因为在该网页中添加了背景音乐的缘故。背景音乐通常是给浏览者一种美妙的视听感觉，以此提高吸引力，并为网页增色添彩，是体现个性的一种手段。下面分别介绍声音以插件和 HTML5 Audio 方式添加到网页中设置背景音乐的方法。

以插件形式添加背景音乐的具体操作步骤如下：

（1）打开网页文档。

（2）选择"插入"→HTML→"插件"命令。

（3）弹出"选择文件"对话框，找到音频文件保存的位置，选择音频，单击"确定"按钮即可把音频插入到网页中。

（4）选定插件图标，在下方的"属性"面板中单击"参数"按钮，如图 3-136 所示。

（5）弹出"参数"对话框，按图 3-137 所示进行设置，其中参数 hidden 表示隐藏，loop 表示循环播放，最后单击"确定"按钮，这样该音频文件就会隐藏起来进行循环播放了。

图 3-136   插件的"属性"面板

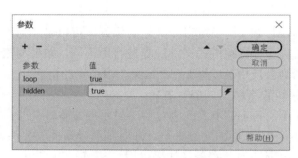

图 3-137   设置音频的参数

也可以直接在"代码"视图中添加相应代码来实现。具体操作步骤如下：

（1）打开网页文档，单击"代码"视图按钮切换到代码视图，把光标定位在（body）和（/body）之间。

（2）添加以下代码：

```
<bgsound src="images/yinyue.mp3" loop="true">
```

其中 src 后面是音频文件的路径和文件名，loop 为真表示循环播放该音频文件。

（3）保存文档，按 F12 功能键预览，在浏览器中打开网页，就可以听到美妙的音乐了。

以 HTML5 Audio 添加背景音乐的具体操作步骤如下：

（1）将光标定位在需要插入音频的位置。

（2）选择"插入"→"媒体"→HTML5 Audio 命令。

（3）在网页中出现喇叭图标，选定该图标，在下方的"属性"面板中取消勾选 Controls 复选项，勾选 Autoplay 和 Loop 复选项。

（4）保存文档，按 F12 功能键预览网页。

3.5.2   插入视频

网页中插入的视频文件常见的格式有 WMV、AVI、MPG、RMVB 等，Dreamweaver 会根据不同的视频格式选用不同的播放器，默认的播放器是 Windows Media Player。网页中使用视频文件的方式有两种：嵌入式和链接式。如果采用的是嵌入式视频，打开网页后会显示一个播放窗口，通过播放窗口播放文件，并可以控制播放的过程；如果是链接式视频，在网页中仅仅提供了一个超链接，当用户单击该超链接时，默认的媒体播放器会自动启动并播放该视频文件。

1. 嵌入式视频

在网页中插入"嵌入式视频"的方法跟"插入音频"的方法一样，有两种方法。第一种方法是选择"插入"→HTML→"插件"命令或者单击"插入"面板 HTML 组中的"插件"按钮，具体的操作步骤如下：

（1）将光标定位在需要插入视频的位置。

（2）选择"插入"→HTML→"插件"命令，如图 3-138 所示。

（3）弹出"选择文件"对话框，如图 3-139 所示，找到视频文件保存的位置，选择视频文件，单击"确定"按钮。

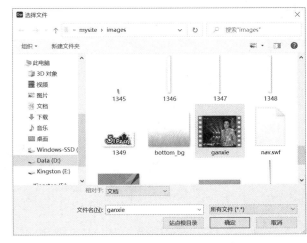

图 3-138　通过"插入"菜单插入音频　　　　　图 3-139　　"选择文件"对话框

（4）这样即可把视频插入到网页中，但在网页中显示的该插件较小，可选定该插件，通过鼠标拖动控点的办法来调整播放界面的大小，也可以通过设置"属性"面板的"宽"和"高"来设置播放界面，如图 3-140 所示。

图 3-140　视频的"属性"面板

（5）保存文档，按 F12 功能键预览，在浏览器中打开网页，网页将选择默认的播放器播放视频，效果如图 3-141 所示。

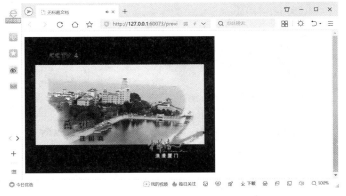

图 3-141　在网页中播放嵌入式视频

视频插入到网页中以后，可以对视频设置参数，以调整对视频的控制。选择插件图标，单击"属性"面板中的"参数"按钮，弹出"参数"对话框。在其中单击"添加"按钮 +，设置参数 loop 的值为 TRUE，作用是让视频循环播放，设置参数 autoplay 的值为 False，作用是页面打开后视频不会立刻播放，用户必须单击"播放"按钮后才会开始播放视频，如图 3-142 所示。

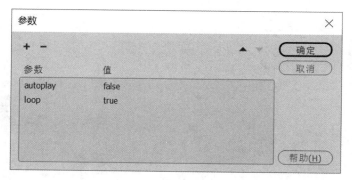

图 3-142　设置视频参数

第二种方法是在网页中插入 HTML5 视频的形式。通过选择"插入"→HTML→HTML5 Video 命令或者单击"插入"面板 HTML 组中的 HTML5 Video 命令来实现，具体操作步骤如下：

（1）将光标定位在需要插入视频的位置。

（2）选择"插入"→HTML→HTML5 Video 命令，如图 3-143 所示。

图 3-143　通过 HTML5 Video 插入音频

（3）在网页中出现视频图标，如图 3-144 所示。选定该图标，在"属性"面板中设置相应属性即可，如图 3-145 所示，包括"源"、W、H、Controls、Autoplay、Loop、Muted 等。

图 3-144 插入 HTML5 Video 后的网页

图 3-145 HTML5 Video 的属性面板

HTML5 Video 的"属性"面板中各个属性的含义和功能如下：

- 源、Alt 源 1、Alt 源 2：指定视频文件的位置，可以是相对的 URL 也可以是绝对的 URL。不同浏览器对视频格式文件的支持有所不同，如果浏览器不支持"源"中指定的视频格式，则会使用 Alt 源 1 和 Alt 源 2 中指定的格式。
- 宽度/高度（W/H）：设置视频的宽度/高度，以像素为单位。
- 标题（Title）：设置视频文件的标题。
- 回退文本：在不支持 HTML5 的浏览器中显示的文本。
- 控件（Controls）：勾选前面的复选框，将会显示视频播放控件，控件包括播放、暂停、定位、音量等。
- 自动播放（Autoplay）：勾选前面的复选框，视频将会在网页打开即开始自动播放。
- 循环（Loop）：勾选前面的复选框，视频将会循环播放。
- 静音（Muted）：设置视频的音频部分是否静音。
- Flash 回退：指定不支持 HTML5 视频的浏览器播放的 SWF 文件。
- 预加载（Preload）：指定页面加载时视频加载的首选项。选中"自动（auto）"会在页面下载时加载整个视频；选中"元数据（metadata）"会在页面下载完成之后仅下载元数据。

2. 链接式视频

链接式视频是指通过单击网页中的链接文字或图片启动系统的默认播放器播放所链接的视频文件。具体操作步骤如下：

（1）选定文字或图片。

（2）单击"属性"面板"链接"后面的"浏览文件"按钮 ，从弹出的"选择文件"

对话框中选定相应视频文件，单击"确定"按钮。

3.5.3　插入 Flash 元素

Flash 是网上流行的矢量动画技术，现在很多站点都采用 Flash 技术，把以往传统网页无法做到的效果准确地表现出来，如使用 Flash 制作导航条、按钮等可以让文字变得动感十足，而且 Flash 动画具有小巧、富有交互性等特征，所以在网页中应用 Flash 动画可以使网页变得更具动感，更具感染力和吸引力。Dreamweaver 中应用的 Flash 元素主要有 Flash 动画、Flash 视频、Shockwave 动画等。

在 Dreamweaver 中插入使用 Adobe Flash 创建的内容之前，我们先来熟悉一下 Flash 类型的文件：FLA、SWF、FLV。

- FLA 文件（.fla）：所有项目的源文件，使用 Flash 创作工具创建。此类型的文件只能在 Flash 中打开，而无法在 Dreamweaver 或浏览器中打开。你可以在 Flash 中打开 FLA 文件，然后将它发布为 SWF 或 SWT 文件以在浏览器中使用。
- SWF 文件（.swf）：FLA（.fla）文件的编译版本，已进行优化，可以在 Web 上查看。此文件可以在浏览器中播放并且可以在 Dreamweaver 中进行预览，但不能在 Flash 中编辑。
- FLV 文件（.flv）：一种视频文件，它包含经过编码的音频和视频数据，用于通过 Flash Player 进行传送。例如，如果有 QuickTime 或 Windows Media 视频文件，则可以使用编码器（如 Flash Video Encoder 或 Sorensen Squeeze）将视频文件转换为 FLV 文件。

1. 插入和播放 Flash 动画

Flash 动画可以随意放大且不会降低画面的质量，同时其文件一般都较小，所以在网页设计中普遍使用。在 Dreamweaver 中插入 Flash 动画（.swf 文件）一般有两种方法：一种方法是通过"插入"→HTML→Flash SWF 命令，如图 3-146 所示；另一种方法是通过"插入"面板 HTML 组中的 Flash SWF 按钮，如图 3-147 所示，具体操作步骤如下：

图 3-146　通过菜单插入 Flash 动画

图 3-147　通过面板插入 Flash 动画

（1）将光标置于要插入 Flash 动画的位置。

（2）选择"插入"→HTML→Flash SWF 命令，或者单击"插入"面板 HTML 组中的 Flash SWF 按钮。

（3）如果网页文档是新建的文档，会弹出如图 3-148 所示的对话框，提示先保存网页文档。单击"确定"按钮，弹出"另存为"对话框，设置网页保存的路径和文件名，单击"确定"按钮。如果网页原来已经保存过，则直接跳到步骤（4）。

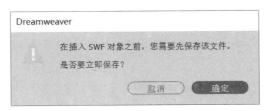

图 3-148　提示先保存网页

（4）弹出"选择 SWF"对话框，如图 3-149 所示，找到 Flash 文件，弹出如图 3-150 所示的"对象标签辅助功能属性"对话框。

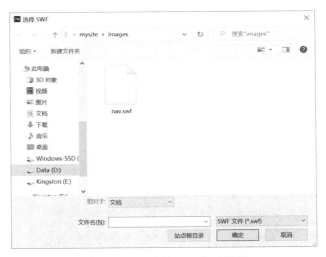

图 3-149　"选择 SWF"对话框

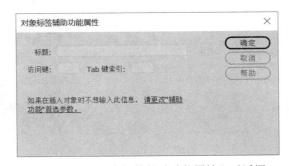

图 3-150　"对象标签辅助功能属性"对话框

（5）单击"确定"按钮，即可把 Flash 动画插入到网页中，如图 3-151 所示。

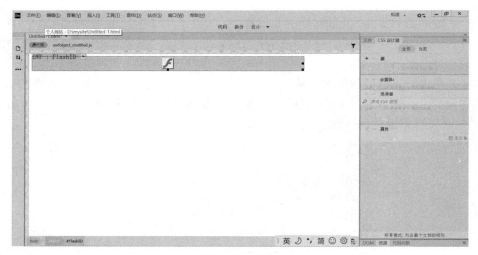

图 3-151　Flash 动画插入到网页文档中

　　Flash 动画插入以后，可以通过"属性"面板修改相关属性，如"宽""高""边距"等，如图 3-152 所示。设置好相关参数后，可以通过"属性"面板中的"播放"按钮在设计视图中观看 Flash 动画的播放效果。

图 3-152　Flash 动画的"属性"面板

　　Flash 动画跟视频一样可以设置播放效果，设置方法也类似视频参数的设置方法，选择 Flash 动画，在"属性"面板中单击"参数"按钮，弹出"参数"对话框。在其中单击"添加"按钮，设置参数为 Menu，值为 false，作用是让浏览器不显示 Flash 的控制菜单，如图 3-153 所示。单击"添加"按钮，可以继续添加其他参数，设置好后单击"确定"按钮，相关参数在预览网页的时候即可发挥作用。

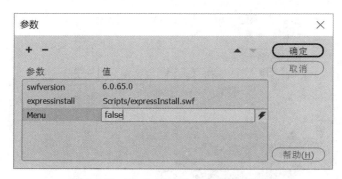

图 3-153　Flash 动画的"参数"对话框

2.　插入和播放 Flash 视频

Flash 视频是一种新的流媒体视频格式，适合于网络传输，其文件体积较小，加载速度快，播放品质高。Flash 视频文件的扩展名是.flv，目前国内外网站提供的视频无一例外都使用 FLV 格式作为视频播放载体。在 Dreamweaver 中插入 Flash 视频（.flv 文件）的操作方法一般有两种：一种方法是选择"插入"→HTML→Flash Video 命令，如图 3-154 所示；另一种方法是单击"插入"面板 HTML 组中的 Flash Video 按钮，如图 3-155 所示，具体操作步骤如下：

图 3-154　通过菜单插入 Flash Video

图 3-155　通过面板插入 Flash Video

（1）将光标置于要插入 Flash 视频的位置。

（2）选择"插入"→HTML→Flash Video 命令，或者单击"插入"面板 HTML 组中 Flash Video 按钮。

（3）如果网页文档是新建的文档，会弹出如图 3-156 所示的对话框，提示先保存网页文档。单击"确定"按钮，弹出"另存为"对话框，设置好网页保存的路径和文件名，单击"确定"按钮。如果网页原来已经保存过，则直接跳到步骤（4）。

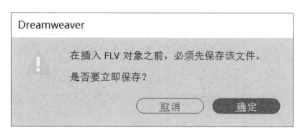

图 3-156　提示先保存网页

（4）弹出"插入 FLV"对话框，如图 3-157 所示，单击 URL 文本框右侧的"浏览"按钮，弹出如图 3-158 所示的"选择 FLV"对话框，选择 Flash 视频文件，单击"确定"按钮回到"插入 FLV"对话框，设置"外观""宽度""高度""自动播放""自动重新播放"等选项，单击"确定"按钮即可把 Flash 视频插入到网页文档中。

图 3-157　"插入 FLV"对话框

图 3-158　"选择 FLV"对话框

　　Flash 视频插入到网页后，如果想对视频的属性进行修改，比如修改视频播放窗口的"宽度"和"高度"等，可以选定 Flash 视频在设计视图中的占位标志，通过"属性"面板来完成修改，如图 3-159 所示。

图 3-159　FLV 的"属性"面板

3．插入 Shockwave 动画

Shockwave 是 Adobe 开发的标准网络交互多媒体的压缩文件技术，提供了强大的、可扩展的脚本引擎，使得它可以控制矢量图形、制作聊天室、操作 HTML、解析 XML 文档。Shockwave 动画用 Director 制作，文件扩展名是.dcr。同 Flash 一样，播放 Shockwave 动画需要安装播放器插件，该插件可以从 Adobe 网站上下载，名称是 Adobe Shockwave Player。在 Dreamweaver 中插入 Shockwave 动画的操作跟插入音频和视频的操作类似，也有两种方法：一种方法是选择"插入"→HTML→"插件"命令，如图 3-160 所示；另一种方法是单击"插入"面板 HTML 组中的"插件"按钮，如图 3-161 所示。

图 3-160　通过"插入"菜单插入 Shockwave 动画

图 3-161　通过"插入"面板插入 Shockwave 动画

第 4 章　超链接的应用

本章导读

　　超链接是 Web 页中最吸引人的部分，是网页之间建立联系的基本途径。Internet 之所以如此受到人们的欢迎，很大程度上正是由于在网页中使用了大量的超链接。通过超链接可以将 Internet 的各种相关信息有机地联系起来，使一个网页能够方便快捷地跳转到另一个网页，从而使 Internet 上的信息构成一个有机的整体。本章主要介绍网页中超链接的概念和类型，重点介绍了如何在网页中创建各种超链接，包括文本超链接、图像超链接、空链接、电子邮件链接、锚记链接、下载文件链接、脚本链接等。

本章要点

- 了解超链接的概念和类型。
- 掌握创建文本超链接、图像超链接、空链接、电子邮件链接、锚记链接、下载文件链接、脚本链接的方法。

4.1　了解超链接

　　所谓超链接是指从一个网页指向一个目标的连接关系，利用链接可以实现在文档间或文档中的跳转。链接由两个端点（称为锚）和一个方向构成，通常将开始位置的端点叫作源端点或源锚，将目标位置的端点称为目标端点或目标锚，链接就是由源端点到目标端点的一种跳转。目标端点可以是另一个网页（既可以是同一个网站内部的网页，也可以是其他网站的网页），也可以是相同网页上的不同位置，还可以是一个图片、一个电子邮件地址、一个文件，甚至是一个应用程序。

　　网页上的超链接一般分为三种：第一种是绝对 URL 的超链接，该链接指向的是网站上的绝对位置；第二种是相对 URL 的超链接，如将自己网页上的某一段文字或某个标题链接到同一网站的其他网页上去；第三种称为同一网页的超链接，这种超链接又叫作书签，可实现页面内容的引导和跳转。如果按照链接对象分类，网页上的链接又可以分为：文本超链接、图像超链接、E-mail 链接、锚记链接、多媒体文件链接、空链接等。

4.2　创建超链接

网页中可以为文字、图像等对象添加超链接，下面逐一介绍各种超链接的创建方法。

4.2.1　创建文本超链接

文本超链接是最简单，也是最常见的一种超链接。在网页中文本超链接根据链接对象的不同可以分为与本地其他文档的链接、与外部网页的链接、空链接等。

1. 创建与本地其他文档的链接

与本地其他文档的链接是指通过网页中的文字链接到同一个网站中的其他文档。通过创建与本地其他文档的链接，可以使本地站点的一个个单独的网页连接起来，形成一个有机的整体，即建成网站。创建超链接可以选择"窗口"→"属性"命令打开"属性"面板，在"链接"文本框中输入链接目标。

利用"属性"面板创建超链接的具体操作步骤如下：

（1）选定需要创建超链接的文字。

（2）直接在"属性"面板 HTML 的"链接"文本框中输入链接文件的目录和文件名，或者单击"链接"文本框右侧的"浏览文件"按钮，如图 4-1 所示。

图 4-1　"属性"面板设置超链接

（3）弹出"选择文件"对话框，如图 4-2 所示，选择相应的文件，单击"确定"按钮，文字即创建好了与本地网页文档的超链接。

图 4-2　"选择文件"对话框

也可以将鼠标指针移到"链接"文本框右侧的"指向文件"按钮◎上方，按下鼠标左键不松开，一直拖动到"文件"面板中相应文件的位置再松开鼠标左键即可创建链接。

"属性"面板中的"目标"下拉列表框开始是不可用的，但设置链接后可进行设置。其作用是设置链接目标，指的是当一个链接打开时，被链接的文件打开的位置是在当前窗口中打开，还是在新建窗口中打开等。链接目标提供以下三个选项供用户选择：

- _blank：将链接的文档载入一个新的、未命名的浏览器窗口。
- _parent：将链接的文档载入该链接所在框架的父框架或父窗口。如果包含链接的框架不是嵌套框架，则所链接的文档载入整个浏览器窗口。
- _self：将链接的文档载入链接所在的同一框架或窗口，该方式是链接目标的默认方式，一般不需要指定。
- _top：将链接的文档载入整个浏览器窗口，从而删除所有框架。

利用"插入"菜单创建链接的具体操作步骤如下：

（1）选定需要创建超链接的文字。

（2）选择"插入"→Hyperlink 命令，如图 4-3 所示。

（3）弹出 Hyperlink 对话框，如图 4-4 所示，在"链接"文本框中输入链接文件的地址，或者单击右边的"浏览文件"按钮，弹出如图 4-2 所示的"选择文件"对话框，选择相应的文件，单击"确定"按钮。

图 4-3　Hyperlink 命令

图 4-4　Hyperlink 对话框

2. 创建与外部网页的链接

网页中除了可以给文本添加与本地网页文档的链接外，还可以给文本添加与外部网页的链接，其方法和链接本地文档的方法类似，可直接在"属性"面板 HTML 中的"链接"文本框中设置，也可以选择"插入"→Hyperlink 命令，在弹出的 Hyperlink 对话框中进行设置。

4.2.2　创建图像超链接

在网页中，通过图像链接到其他的文档也经常出现。图像的超链接包括为整张图像创建超链接和为图像的部分区域创建热点链接两种。

1．为整张图像创建链接

在浏览网页图像的时候，如果把鼠标移到图像上方，鼠标指针会变成手的形状，而单击图像时会跳转到新的页面，这是因为该图像已经设置了超链接。

为图像创建超链接与为文字创建超链接类似，可以通过"属性"面板进行设置，具体操作步骤如下：

（1）选定需要创建超链接的图像。

（2）在"属性"面板的"链接"文本框中输入链接文件的目录和文件名，或者单击"链接"文本框右侧的"浏览文件"按钮，如图 4-5 所示。

图 4-5　图像的"属性"面板

（3）弹出"选择文件"对话框，选择相应的文件，单击"确定"按钮，文档内的图像即创建好了与本地其他文档的超链接。

也可以将鼠标指针移到"链接"文本框右侧的"指向文件"按钮☉上方，按下鼠标左键不松开，一直拖动到"文件"面板中相应文件的位置再松开鼠标左键即可创建链接。

需要注意的是，如果需要链接到一个网址，只能在"链接"文本框中直接输入网址进行创建链接。

2．为图像创建热点链接

我们除了可以为整张图片创建超链接外，也可以为图片中的不同区域创建不同的超链接，这种方式称为图片的热点链接或图片地图。创建这种超链接前，要先在图片上添加"热点"，这些"热点"的形状可以是矩形、椭圆形或多边形，最后再分别给它们设置超链接。图像的热点都是通过"属性"面板中的"地图"区域来设置的，如图 4-6 所示。

图 4-6　"属性"面板的"地图"区域

创建热点链接的具体操作步骤如下：

（1）选定需要创建热点链接的图像。

（2）根据具体情况选择"属性"面板"地图"区域中的"矩形""圆形""多边形"热点工具，将鼠标指针移动到图像上方，选择相应的区域（"矩形"、"圆形"热点可以直接拖动鼠标进行选择，而"多边形"热点则需要不断点击选择区域的边框轮廓进行选择）。

（3）下方的"属性"面板变成热点的"属性"面板，如图 4-7 所示，在"链接"文本框中进行相应设置即可。

图 4-7　热点的"属性"面板

4.2.3 创建空链接

空链接是指未指定目标文档的链接，其作用是可以为页面上的对象或文本附加行为，以实现当光标移动到链接上时进行切换图像或显示分层等动作。需要注意的是，空链接不是指无链接，而是已经有链接，但尚未指定链接目标文档。创建空链接的具体步骤如下：

（1）选定需要创建链接的文字或图像等对象。

（2）在"属性"面板 HTML 的"链接"文本框中输入"#"即可创建空链接，如图 4-8 所示。

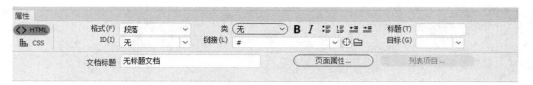

图 4-8　创建空链接

4.2.4 创建电子邮件链接

在浏览网页的时候，经常看到网页中有"联系站长""**邮箱"等字样，当单击这些文字的时候会自动启动 Outlook 软件的发送新邮件功能，在"收件人"文本框中已经自动填写了电子邮件地址，这种链接方式就是电子邮件链接。

Dreamweaver 2021 中创建电子邮件链接有 3 种方法：一种是选择"插入"→HTML→"电子邮件链接"命令，如图 4-9 所示；另一种是单击"插入"面板的"电子邮件链接"按钮，如图 4-10 所示；还有一种是直接在"属性"面板的"链接"文本框中输入"mailto:电子邮箱"，如 mailto:abc@163.com。

图 4-9　菜单插入电子邮件链接

图 4-10　面板插入电子邮件链接

具体操作步骤如下：

（1）选定需要创建电子邮件链接的文字或图像。

（2）选择"插入"→HTML→"电子邮件链接"命令，如图 4-9 所示；或者单击"插入"面板中的"电子邮件链接"按钮，如图 4-10 所示。

（3）弹出"电子邮件链接"对话框，如图 4-11 所示，"文本"右边的文本框显示刚才选定的文字，在"电子邮件:"文本框中输入相应的电子邮箱地址，单击"确定"按钮，电子邮件链接创建完毕。

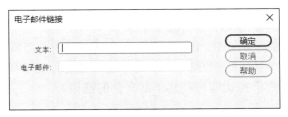

图 4-11　"电子邮件链接"对话框

4.2.5　创建锚记链接

在浏览网页的时候，如果网页的页面内容很多、页面很长，需要不断地拖动浏览器的滚动条以浏览下面的内容，特别是如果需要寻找某一具体内容的时候就比较麻烦。Dreamweaver 提供了锚记链接来解决这一问题。锚记是指在文档中设置一个位置标记，并给予一个名称，方便在网页中引用。在网页中创建锚记链接需要经过两个步骤：第一步是命名锚记，第二步是创建到该命名锚记的链接。

Dreamweaver 2021 中命名锚记只能在"代码"视图中设置，具体操作步骤如下：

（1）将光标定位在网页中需要命名锚记的位置。

（2）单击"代码"按钮切换到"代码"视图方式，输入代码：<a name="11" id="11"></a>，其中 11 是指锚记名，可根据具体情况设置不同的锚记名，但必须以英文字母或数字开始。切换回"设计"视图，可以看到在当前光标位置多了一个锚记图标，如图 4-12 所示。

（3）依此类推，可以对其他锚记进行命名，但同一个网页中的锚记名称一定不能相同。

图 4-12　命名锚记后的效果

命名锚记后，接下来需要创建到该命名锚记的链接，具体操作步骤如下：

（1）选定需要创建链接的文字。

（2）直接在"属性"面板 HTML 中的"链接"文本框中输入"#+锚记名"，如果锚记名是 11，则输入"#11"即可创建锚记链接，如图 4-13 所示。

图 4-13　设置锚记链接

注意：如果创建锚记链接时，链接目标端点是同一文件夹内的其他文档中的锚记，则需要在锚记名称前加上文件名。例如要链接到 meizhou.html 这个网页内的 abc 锚记,则需要在"链接"文本框中输入 meizhou.html#abc。

4.2.6　创建下载文件链接

下载文件的链接在软件下载网站或源代码下载网站中应用比较多，其创建方法与一般的链接创建方法相同，只是所链接的内容不是文字或网页，而是其他文件，如软件、图像等。具体操作步骤如下：

（1）选定需要添加链接的文字或图像。

（2）单击"属性"面板 HTML 中"链接"文本框右边的"浏览文件"按钮。

（3）弹出"选择文件"对话框，如图 4-14 所示，选择要链接的下载文件，例如 Dreamweaver 2021.exe，然后单击"确定"按钮即可创建下载文件的链接。

图 4-14　选择链接的下载文件

（4）保存文档，按 F12 功能键预览，可以看到下载文件链接的效果。单击链接后弹出提示框，如图 4-15 所示，单击"保存"按钮即可开始下载文件。

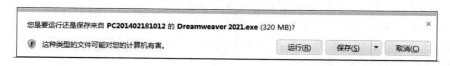

图 4-15　提示"运行"还是"保存"

4.2.7　创建脚本链接

脚本链接是一种特殊类型的链接，通过单击带有脚本链接的文字或对象可以运行相应的脚本及函数（JavaScript 和 VBScript 等），从而为浏览者提供许多附加的信息。脚本链接还可以被用来确认表单。创建脚本链接的具体步骤如下：

（1）选择需要创建脚本链接的文字、图像或其他对象。

（2）在"属性"面板 HTML 的"链接"文本框中输入 JavaScript:，接着输入相应的 JavaScript 代码或函数，如输入 window.close()，表示关闭当前窗口，如图 4-16 所示。

图 4-16　输入脚本

（3）保存网页，按 F12 功能键预览网页。单击已创建好脚本链接的文字会弹出一个提示对话框，如图 4-17 所示，单击"是"按钮将关闭当前窗口。

图 4-17　单击脚本链接文字弹出的对话框

注意： 如果创建脚本链接的对象是图像，则不能采用 JPG 格式的图片，因为 JPG 格式图片不支持脚本链接，所以应先将 JPG 图像转换为 GIF 格式才能创建脚本链接。

以上内容介绍了有关超链接的知识和几种常见的超链接。在一个网站中，一般都会创建大量的各种形式的超链接，难免会出现一些链接设置错误的情况。因此在将网站上传到服务器之前，要先检查网站的所有链接。如果发现站点中存在着中断的链接，必须将它们修复之后才可传到服务器中。Dreamweaver 2021 中提供了"检查与修复链接"功能，不必手工进行烦琐的检查。操作步骤是选择"站点"→"站点选项"→"检查站点范围的链接"命令，激活链接检查器进行检查，如图 4-18 所示，检查结果显示在下方，如图 4-19 所示。可以单击"显示(S)："右边的下拉列表框选择检查各种类型的链接，如断掉的链接、外部链接、孤立的文件等，该类型的所有链接都会显示在下方。

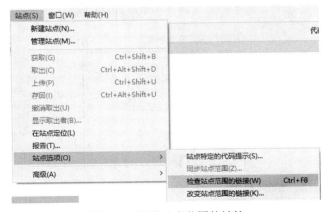

图 4-18　检查站点范围的链接

图 4-19 检查站点链接的结果

4.3 实例

4.3.1 实例 1——创建图像热点链接

打开 4-1.html 文件，采用矩形热点工具为图 1 中的"太平洋电脑网"区域创建超链接，链接到 http://www.pconline.com.cn；为"程序员之家"区域创建超链接，链接到 http://www.sunxin.org，要求在新页面中打开该链接；为 Csdn 区域创建超链接，链接到 http://www.csdn.net。采用圆形热点工具为图 2 中上方的圆创建一个圆形热点链接，链接到 images/circle.jpg；为该图像下方的大圆创建一个圆形热点链接，链接到 http://www.baidu.com。采用多边形热点工具为图 3 中的女模特上衣创建超链接，链接到网址 http://www.taobao.com。

具体操作步骤如下：

（1）在 Dreamweaver 中打开 4-1.html。

（2）选择图 1，在"属性"面板中单击"矩形热点工具"按钮，如图 4-20 所示，鼠标指针变成"+"，然后在图片中选择"太平洋电脑网"区域，如图 4-21 所示。

图 4-20 选择"矩形热点"工具

图 4-21 选择图像的部分区域

（3）保持热点的选择状态，可以看到"属性"面板中的内容已经发生变化，在"链接"右边的文本框中输入 http://www.pconline.com.cn，如图 4-22 所示。

图 4-22　设置热点链接

（4）单击图 1 的其他位置，"属性"面板又变成了图 4-20 所示的状态，再次单击"属性"面板中的"矩形热点工具"按钮，鼠标指针变成"+"，然后在图片中选择"程序员之家"区域，如图 4-23 所示。

图 4-23　选择图像的第二块区域

（5）保持热点的选择状态，可以看到"属性"面板中的内容已经发生变化，在"链接"文本框中输入 http://www.pconline.com.cn，选择"目标"下拉列表框为_blank，即在新窗口中打开链接，如图 4-24 所示。

（6）依此方法为 Csdn 区域设置热点链接。

图 4-24　设置热点链接

（7）选择图像 2，在"属性"面板中单击"圆形热点工具"按钮，如图 4-25 所示，鼠标指针变成"+"，然后在图片中选择上方小圆的区域，如图 4-26 所示。

图 4-25　选择"圆形热点"工具

（8）保持热点的选择状态，可以看到"属性"面板中的内容已经发生变化，单击"链接"文本框右边的"浏览文件"按钮，弹出"选择文件"对话框，在其中选择 images 子文件夹中的 circle.jpg，单击"确定"按钮，设置好后的"属性"面板如图 4-27 所示。

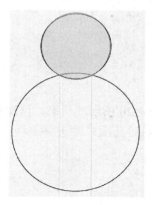

图 4-26　选择上方小圆区域

图 4-27　设置上方圆的链接

（9）单击图 2 的其他位置，"属性"面板又变成了图 4-20 所示的状态，再次选择"属性"面板中的"圆形热点工具"按钮，鼠标指针变成"+"，然后在图片中选择下方大圆的区域，如图 4-28 所示。

（10）保持热点的选择状态，在"属性"面板的"链接"文本框中直接输入网址 http://www.baidu.com，如图 4-29 所示。

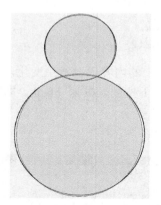

图 4-28　选择下方大圆区域

图 4-29　设置大圆的链接

（11）选择图 3，在"属性"面板中单击"多边形热点工具"按钮，如图 4-30 所示，鼠标指针变成"+"，然后在图片中单击女模特上衣区域的边框端点，再单击第 2 个边框端点，单击第 3 个边框端点，依此类推，直到把女模特上衣区域都选中，如图 4-31 所示。

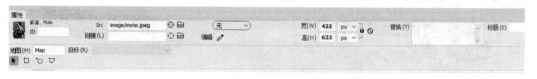

图 4-30　选择多边形热点工具

图 4-31 选择不规则图形女模特上衣

注意：在选择区域的过程中，如果弹出如图 4-32 所示的"选择图像源文件"对话框，表示在同一个地方连续单击了两次，需要单击"取消"按钮，但这时不能继续选择区域，因为热点工具已经变成了指针热点，所以需要再次重新点击"多边形热点"工具才能继续进行选择。

图 4-32 "选择图像源文件"对话框

（12）保持热点的选择状态，在"属性"面板的"链接"文本框中直接输入网址 http://www.taobao.com，如图 4-33 所示。

图 4-33 设置女模特上衣区域的热点链接

（13）保存网页，按 F12 功能键预览，当鼠标移到以上设置了链接的区域时鼠标变成手的形状，表示已经创建了链接，单击即可打开相应的链接。当单击"程序员之家"区域时，会在新窗口中打开网页，其他的链接都是在原有窗口中打开。

4.3.2 实例2——创建锚记链接

打开 4-2.html 文件，上方是刘德华的部分歌名，下方有歌名所对应的歌词，要求当单击上方的歌名时可以跳转到网页中下方相应的歌词位置。

具体操作步骤如下：

（1）在 Dreamweaver 中打开 4-2.html 文件，将光标置于歌词中的歌名"冰雨"前面。

（2）单击"代码"按钮，切换到"代码"视图，输入代码：<a name="1" id="1"></a>，如图 4-34 所示，这里锚记命名为 1，依此类推，将其他歌曲锚记命名为 2、3、4 等，单击"设计"按钮回到"设计"视图，可以看到在"冰雨"前多了锚记图标，如图 4-35 所示。

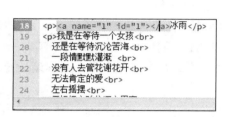

图 4-34　在代码视图中添加代码

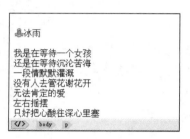

图 4-35　设计视图中的锚记图标

（3）选定歌名中的文字"1.冰雨"，如图 4-36 所示，在"属性"面板 HTML 的"链接"文本框中输入"#1"，如图 4-37 所示。采用同样的方法为其他歌名设置锚记链接。

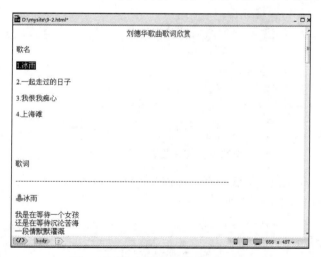

图 4-36　选定歌名文字"1.冰雨"

图 4-37　设置锚记链接

（4）保存网页，按 F12 功能键预览网页，效果如图 4-38 所示，当单击歌名时，网页会自动跳转到对应的歌词中。

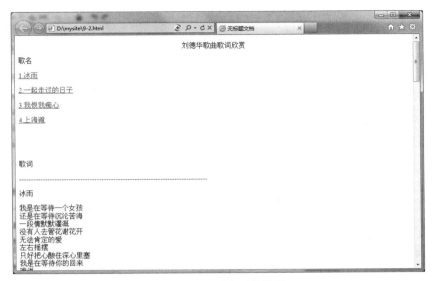

图 4-38　网页的预览效果

4.3.3　实例 3——创建空链接、电子邮件链接、下载文件链接和脚本链接

打开 4-3.html 文件，为文字"创建空链接"添加空链接；为文字"联系作者"添加电子邮件链接，邮箱地址为 abc@163.com；为文字"点击下载"添加下载文件链接，链接到 images 子文件夹中的 yinyue.mp3；为文字"关闭网页"添加脚本，当单击该文字时可以关闭网页。

具体操作步骤如下：

（1）在 Dreamweaver 中打开 4-3.html 文件。

（2）选定文字"创建空链接"，直接在"属性"面板 HTML 的"链接"文本框中输入"#"，如图 4-39 所示。

图 4-39　设置空链接

（3）选定文字"联系作者"，单击"插入"→HTML→"电子邮件链接"命令，弹出"电子邮件链接"对话框，如图 4-40 所示，在"文本:"文本框中显示的是刚才选定的文字，在"电子邮件:"文本框中输入 abc@163.com，单击"确定"按钮即可创建电子邮件链接，在"属性"面板 HTML 的"链接"文本框中自动添加了文字 mailto:abc@163.com，如图 4-41 所示。

（4）选定文字"点击下载"，单击"属性"面板 HTML 的"链接"文本框右侧的"浏览文件"按钮，弹出"选择文件"对话框，在其中选择 images 子文件夹中的 yinyue.mp3，单击"确定"按钮，如图 4-42 所示。

图 4-40　创建电子邮件链接

图 4-41　电子邮件链接的"属性"面板

图 4-42　设置"点击下载"链接

（5）选定文字"关闭网页"，在"属性"面板 HTML 的"链接"文本框中输入 JavaScript: window.close()，如图 4-43 所示。

图 4-43　设置"关闭网页"链接

（6）保存网页，按 F12 功能键预览，效果如图 4-44 所示。当鼠标单击"联系作者"文字时打开系统默认的邮件收发软件，如 Outlook 等，效果如图 4-45 所示；当单击"点击下载"文字时弹出对话框，提示打开还是保存文件，如图 4-46 所示，可单击"保存"按钮下载文件；当单击"关闭网页"文字时弹出对话框，询问是否关闭网页，单击"是"按钮可把网页关闭。

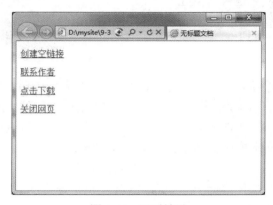

图 4-44　网页效果

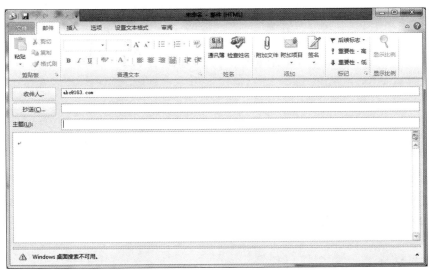

图 4-45　单击电子邮件链接效果

图 4-46　单击下载文件链接效果

图 4-47　单击"关闭网页"文字链接效果

第 5 章 网页中表格的应用

表格是网页制作中不可缺少的网页元素之一。表格在网页中主要用来进行页面的整体布局，也可以用来制作简单的图表。本章主要介绍如何创建表格、往表格中添加内容、编辑表格、设置表格属性和应用表格布局网页等。

- 掌握表格的各种创建方法。
- 在表格中添加内容。
- 编辑表格。
- 设置表格属性。
- 应用表格布局网页。

5.1 创建表格

表格在网页制作中是一个非常重要的概念，是由不同的行、列、单元格组成的一种能够有效描述信息的组织方式，在网页中的应用非常广泛，是网页中的重要元素。表格在网页中的主要作用有两种：一是在网页中用表格组织数据，以清晰的二维列表方式显示网页中的数据，方便查询和浏览；二是使用表格进行网页布局，规划网页中的各种元素，使网页的版面显得整齐漂亮，达到最佳的设计效果。

在掌握如何插入表格前，首先要了解一下表格的组成，表格由行、列和单元格三个部分组成，如图 5-1 所示。单元格是表格中一行与一列相交所产生的区域，也就是一个格子，在单元格中可以插入文本、图像、动画等网页元素，甚至可以在单元格中插入表格，即嵌套表格。表格中水平方向的一系列单元格组合在一起就构成了行，垂直方向的一系列单元格组合在一起就构成了列。

Dreamweaver 2021 中提供了极为方便的创建表格的方法，可以利用"插入"面板中的 Table 按钮，如图 5-2 所示，也可以利用"插入"菜单中的 Table 命令，如图 5-3 所示。

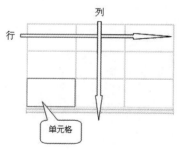

图 5-1 表格的构成

创建表格的具体操作步骤如下：

（1）将光标置于需要插入表格的位置。

（2）单击"插入"面板中的 Table 按钮，如图 5-2 所示，也可以选择"插入"菜单中的 Table 命令，如图 5-3 所示。

图 5-2　"插入"面板插入表格　　　　　图 5-3　"插入"菜单插入表格

（3）弹出 Table 对话框，如图 5-4 所示，在其中设置相关参数，包括行数、列数、表格宽度、边框粗细、单元格边距、单元格间距、标题位置、标题、摘要等，设置完成后单击"确定"按钮即可插入表格。图 5-5 所示是按照 Table 对话框中各参数默认值插入的表格效果。

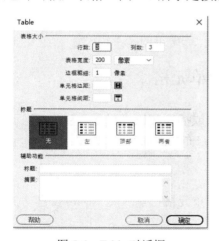

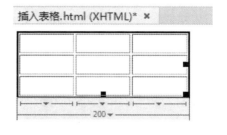

图 5-4　Table 对话框　　　　　　　　图 5-5　"表格"在设计视图中的效果

Table 对话框中各参数的作用如下：

● 行数：在该文本框中输入新建表格的行数。

● 列数：在该文本框中输入新建表格的列数

● 表格宽度：用于设置表格的宽度，在右边下拉列表框中有百分比和像素两种选项可供设置，以像素为单位指定表格宽度时可以实现精确的文本和图像布局，以百分比为单位设置表格宽度时指的是以浏览器窗口的"百分比"为单位的相对宽度。

● 边框粗细：用于设置表格边框的大小，默认值为 1 像素。如果设置为 0 像素，则表格的边框为虚线，效果如图 5-6 所示，在浏览网页时表格的边框不显示出来。如果把边框粗细的值设置为 8 像素，那么表格的边框就变得宽了很多，如图 5-7 所示。

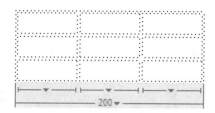

图 5-6　边框粗细为 0 像素

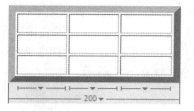

图 5-7　边框粗细为 8 像素

- 单元格边距：单元格中的内容与边框之间的距离。设置为默认值时（空）内容与边框的距离较近，如果想把内容与边框的距离拉远点，可以输入较大的数，如 10 像素等。
- 单元格间距：单元格与单元格、单元格与表格边框的距离。
- 标题：为表格选择一个加粗文字的标题栏，可将标题设置为无、左部、顶部、左部和顶部同时设置。如果将标题设置为无，即不需要加粗文字的标题栏。不过即使是设置了标题，在表格创建后，表格外观跟普通表格也没什么区别，只有当表格中输入文字后其效果才能体现出来，图 5-8 和图 5-9 所示是分别将标题设置在左部和顶部的效果。

姓名	张三	李四
性别	男	女
籍贯	广东	北京

图 5-8　标题在左边

姓名	性别	籍贯
张三	男	广东
李四	女	北京

图 5-9　标题在顶部

- 辅助功能：主要是为表格和表格的内容提供一些简单的文本描述。

5.2　添加内容到单元格

使用表格时，在表格中可以输入文字、插入图像或插入其他的网页元素。在网页的单元格中也可以嵌套一个表格，这样就可以使用多个表格来布局页面和组织数据。

5.2.1　输入文字

在需要输入文本的单元格中单击即可输入文本，单元格在输入文本时可以自动扩展，如图 5-10 所示。

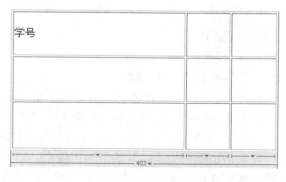

图 5-10　输入文本

5.2.2　嵌套表格

嵌套表格就是在单元格中插入表格。将光标放置在需要插入表格（嵌套表格）的单元格中，使用插入表格的几种方法即可将表格插入到单元格中，效果如图 5-11 所示。

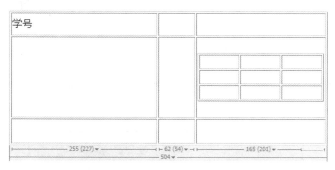

图 5-11　嵌套表格

5.2.3　插入图像

在单元格中插入图像的方法与在普通网页中插入图像的方法是一样的，将光标放置在需要插入图像的单元格中，选择"插入"→Image 命令，或者单击"插入"面板"常用"组中的 Image 按钮，图 5-12 所示为在单元格中插入图像的效果。

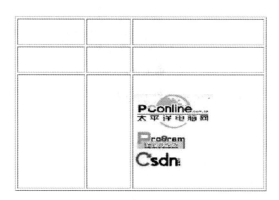

图 5-12　在单元格中插入图像

5.3　选择和编辑表格

插入表格后，可以对表格进行选定、复制、合并、拆分等一系列基本操作，还可以对表格中的多个单元格进行复制、剪切、粘贴等操作，并且保留单元格格式。

5.3.1　选定表格及单元格

表格插入以后，需要进一步对表格进行编辑才能使其更符合页面效果的要求。要对表格、行、列、单元格等进行操作，首先要掌握如何选定这些对象。

1．选定整张表格

选定整张表格主要有以下几种方法：

（1）在第一个单元格处单击，然后按住鼠标左键进行拖动，直到最右下角的一个单元格，松开左键，即可选中整张表格。

（2）将鼠标指针移到单元格边框上，当鼠标指针变成十字花形状时单击鼠标左键选中整张表格。

（3）将鼠标指针移到表格边框上，当鼠标指针后面出现一个小的表格形状时单击鼠标左键选中整张表格。

（4）单击表格宽度值旁边的绿色下三角按钮，在下拉列表中选择"选择表格"选项，如图 5-13 所示。

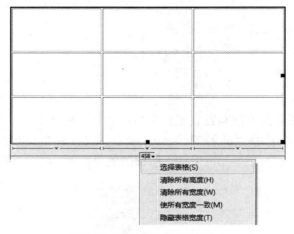

图 5-13　选定整张表格方法 4

（5）将光标置于任意一个单元格中，然后选择"编辑"→"表格"→"选择表格"命令，如图 5-14 所示。

图 5-14　选定整张表格方法 5

（6）将光标置于任意一个单元格中，单击文档窗口状态栏中的<table>标签。

2. 选定单个单元格

选定单个单元格可以通过以下几种方法实现：

（1）按住 Ctrl 键的同时单击需要选择的单元格可以选定一个单元格。

（2）在需要选择的单元格中单击，然后按住鼠标左键不放向相邻的单元格方向拖动，这时候单元格边框呈现粗黑色，表示该单元格被选中。

（3）将光标放置在要选定的单元格中，单击文档窗口状态栏中的<td>标签即可选定该单元格。

3. 选择相邻的多个单元格

选择相邻的多个单元格可以通过以下方法实现：

（1）在第一个单元格中单击，然后按住鼠标左键不放并向相邻的单元格拖动，直到需要选择的单元格都出现了黑色的边框，就表示需要选择的相邻多个单元格已经选中，如图 5-16 所示。

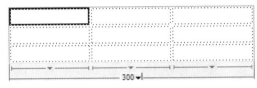

图 5-15 选择单个单元格

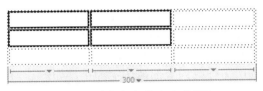

图 5-16 选择相邻的多个单元格

（2）选定最左上角的单元格，按住 Shift 键的同时单击最右下角的单元格即可选中连续的多个单元格。

4. 选择不相邻的多个单元格

如果需要选择不相邻的多个单元格，则在按住 Ctrl 键的同时依次单击要选择的单元格，直到所需单元格全部被选定为止，如图 5-17 所示。

5. 选定表格的单行或单列

选定表格的单行或单列有以下两种方法：

（1）将鼠标指针定位于第一个单元格，按住鼠标左键不放从左至右或从上至下拖动，即可选定表格的行或列。

（2）将鼠标指针定位于行首或列首，当鼠标指针变成向右或向下的箭头时单击即可选定表格的行或列，如图 5-18 所示为选定整行。

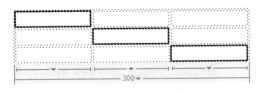

图 5-17 选定多个不连续的单元格

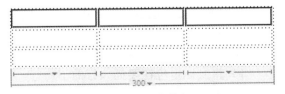

图 5-18 选定整行

如果选择列的话还可以将光标置于该列中的任意一个单元格，再单击该列下方的绿色下三角按钮，在弹出的下拉列表中选择"选择列"选项，如图 5-19 所示。

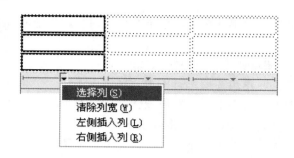

图 5-19　选定整列

6. 选择相邻的多行或多列

选择相邻的多行或多列可以通过以下两种方法实现：

（1）将鼠标指针定位于最左上角的单元格，按住鼠标左键不放从左至右或从上至下拖动，一直到最右下角的单元格，即可选定相邻的多行或多列。

（2）将鼠标指针定位于第一行行首或第一列列首，当鼠标指针变成向右或向下的箭头时按下鼠标左键拖动，直到需要选择的相邻多行或多列被选中，如图 5-20 所示。

7. 选择不相邻的多行或多列

如果需要选择不相邻的多行或多列，则在按住 Ctrl 键的同时依次单击要选择的行或列，直到所需行或列全部被选定为止，如图 5-21 所示。

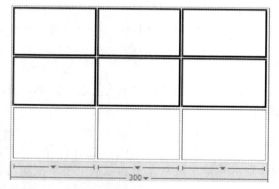

图 5-20　选择相邻的多行

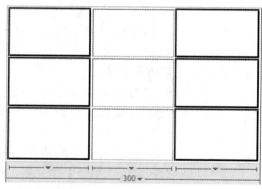

图 5-21　选择不相邻的多列

5.3.2　插入行或列

有的时候需要在已有的表格中插入行或列，插入行和列的方法基本一致。

1. 插入行

要在当前表格中插入行，可以使用以下 3 种方法：

（1）将光标定位在要插入行的下一行，选择"编辑"→"表格"→"插入行"命令，如图 5-22 所示。

（2）将光标定位在要插入行的下一行并右击，在弹出的快捷菜单中选择"表格"→"插入行"选项，如图 5-23 所示。

图 5-22　"编辑"菜单插入表格行

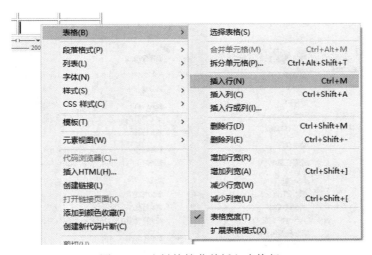

图 5-23　右键快捷菜单插入表格行

（3）将光标定位在要插入行的单元格中，按 Ctrl+M 组合键即可在定位行上方插入新的一行。

如果在表格的最后一行下方插入新的一行，可以把光标定位在表格的最后一个单元格中，按 Tab 键，表格会自动在下方添加一行。

2．插入列

要在当前表格中插入列，可以使用以下 3 种方法：

（1）将光标定位在要插入列的右侧一列，选择"编辑"→"表格"→"插入列"命令，如图 5-24 所示。

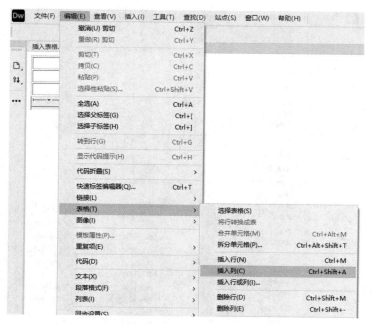

图 5-24   "编辑"菜单插入表格列

（2）将光标定位在要插入列的右侧一列并右击，在弹出的快捷菜单中选择"表格"→"插入列"选项，如图 5-25 所示。

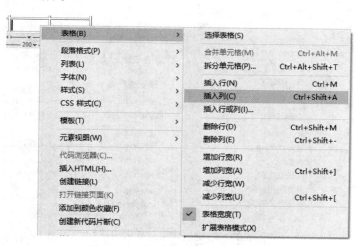

图 5-25   右键快捷菜单插入表格列

（3）将光标定位在要插入列的单元格中，按 Ctrl+Shift+A 组合键即可在定位列左侧插入新的一列。

不管是插入行还是插入列，都可以将光标定位在需要插入行或列的单元格中，选择"编辑"→"表格"→"插入行或列"命令，如图 5-26 所示；或者右击，在弹出的快捷菜单中选择"表格"→"插入行或列"选项，如图 5-27 所示，将会弹出如图 5-28 所示的"插入行或列"对话框，在其中完成相应设置后单击"确定"按钮即可插入行或列。通过这种方法还可以同时插入多行或多列。

图 5-26　"编辑"菜单插入行或列

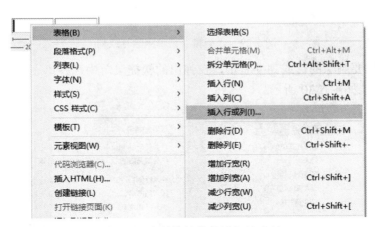

图 5-27　右键快捷菜单插入行或列

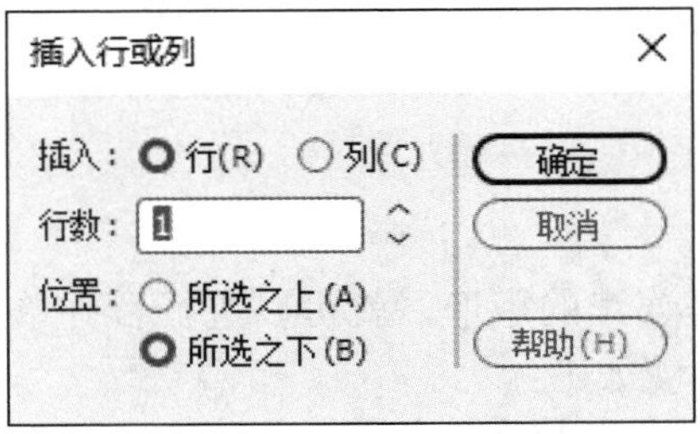

图 5-28　"插入行或列"对话框

5.3.3 删除行或列

删除行或列的方法有以下 3 种：

（1）选定要删除的行或列后按 Delete 键。

（2）选定需要删除的行或列，然后选择"编辑"→"表格"→"删除行"或"删除列"命令，如图 5-29 所示。

图 5-29　"编辑"菜单删除行或列

（3）选定需要删除的行或列并右击，在弹出的快捷菜单中选择"表格"→"删除行"或"删除列"选项，如图 5-30 所示。

图 5-30　右键快捷菜单删除行或列

5.3.4 合并单元格

只要选择的单元格区域是连续的矩形，就可以进行合并单元格操作，生成一个跨多行或跨多列的单元格。具体操作步骤如下：

（1）选定要合并的单元格，如图 5-31 所示。

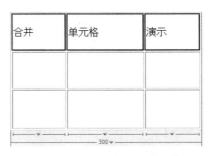

图 5-31　选定要合并的单元格

（2）单击"属性"面板中的"合并单元格"按钮（如图 5-32 所示）即可实现合并单元格，合并前各单元格中的内容将放在合并后的单元格中，如图 5-33 所示。

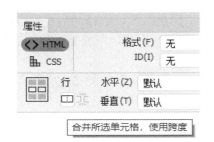

图 5-32　"属性"面板中的"合并单元格"按钮

图 5-33　合并后的效果

也可以通过"编辑"→"表格"→"合并单元格"命令来实现合并单元格；或者右击，在弹出的快捷菜单中选择"表格"→"合并单元格"选项，同样可以合并所选单元格。

5.3.5　拆分单元格

拆分单元格是指将选定的单元格拆分成行或列，具体操作步骤如下：

（1）将光标放置在要拆分的单元格中或选择该单元格。

（2）单击"属性"面板中的"拆分单元格"按钮，如图 5-34 所示。

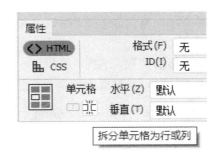

图 5-34　"属性"面板中的"拆分单元格"按钮

（3）弹出"拆分单元格"对话框，如图 5-35 所示，在"把单元格分成"栏中选择"行"或"列"单选项，在"行数"或"列数"文本框中输入要拆分成的行数或列数，单击"确定"按钮即可把单元格拆分成多个单元格，效果如图 5-36 所示。

图 5-35 "拆分单元格"对话框   图 5-36 单元格拆分后的效果

选择"编辑"→"表格"→"拆分单元格"命令；或者右击并在弹出的快捷菜单中选择"表格"→"拆分单元格"选项，均会弹出"拆分单元格"对话框。

5.3.6 复制、剪切和粘贴单元格

表格中的单元格可以进行复制、剪切和粘贴等操作，用户既可以选择一个单元格，也可以选择多个单元格，但是选择的单元格区域必须是呈连续的矩形形状，不能是不相邻的单元格。

复制和粘贴单元格的具体操作步骤如下：

（1）选择要复制的单元格，再选择"编辑"→"拷贝"命令（如图 5-37 所示）或者按 Ctrl+C 组合键进行复制。

（2）将光标置于需要粘贴单元格的位置，选择"编辑"→"粘贴"命令（如图 5-38 所示）或者按 Ctrl+V 组合键，即可把刚才复制到剪贴板中的单元格粘贴到当前位置。

图 5-37 "考贝"命令   图 5-38 "粘贴"命令

剪切和粘贴单元格的具体操作步骤如下：

（1）选择要移动的一个或多个单元格，再选择"编辑"→"剪切"命令（如图 5-39 所示）或者按 Ctrl+X 组合键进行剪切。

（2）将光标置于需要粘贴单元格的位置，选择"编辑"→"粘贴"命令（如图 5-40 所示）或者按 Ctrl+V 组合键，即可把刚才复制到剪贴板中的单元格粘贴到当前位置。

图 5-39 "剪切"命令   图 5-40 "粘贴"命令

粘贴时，如果剪贴板中的内容与选定单元格的内容不兼容，Dreamweaver 2021 会显示如图 5-41 所示的警告信息，此时粘贴操作不能完成。复制操作完成后，如果使用"选择性粘贴"命令，将会弹出"选择性粘贴"对话框（如图 5-42 所示），在其中可以选择粘贴后的单元格样式。

图 5-41　警告信息

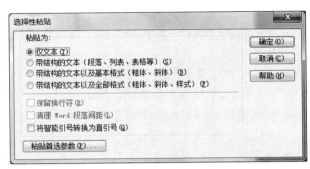

图 5-42　"选择性粘贴"对话框

5.3.7　设置表格属性

当表格插入后，可以通过它的"属性"面板对其属性进行设置。选择表格，在属性面板中将显示表格的属性，如图 5-43 所示。

图 5-43　表格的"属性"面板

表格"属性"面板中各选项的功能如下：
- 行和列：设置表格中行和列的数目。
- 宽：设置表格的宽度。
- CellPad：设置单元格内容和单元格边界之间的像素值。
- CellSpace：设置表格中相邻单元格间的像素值。
- Align：设置表格的对齐方式，该下拉列表框中共有默认、左对齐、居中对齐、右对齐 4 个选项，默认情况下为左对齐。
- Border：设置表格边框的宽度。
- 按钮用于清除列宽，按钮用于将表格宽由百分比转换为像素，按钮用于将表格宽由像素转换为百分比，按钮用于清除行高。

5.3.8　设置单元格属性

选中单元格后，可以通过单元格的"属性"面板对其属性进行设置，如图 5-44 所示。

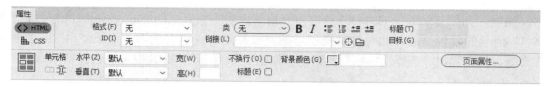

图 5-44　单元格的"属性"面板

在单元格的"属性"面板中，除了可以设置单元格中内容的 HTML 和 CSS 属性外，还可以设置如下选项：

- 水平：设置单元格中对象的水平对齐方式，右侧下拉列表框中有默认、左对齐、居中对齐、右对齐 4 个选项，默认情况下为左对齐。
- 垂直：设置单元格中对象的垂直对齐方式，右侧下拉列表框中有默认、顶端、居中、底部、基线 5 个选项，默认情况下为居中。
- 宽和高：设置单元格的宽度和高度。
- 不换行：勾选该项后，表示单元格的宽度将随单元格内容长度的不断增加而加长。
- 标题：勾选该项后，将当前单元格设置为标题行。
- 背景颜色：设置选中单元格的背景颜色。

5.3.9　设置行或列属性

在表格中选择行，通过行的"属性"面板对行的相关属性进行设置，如图 5-45 所示，行"属性"面板中各选项的功能与单元格的类似。

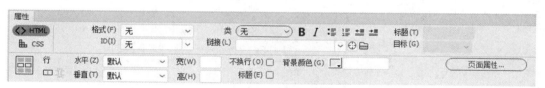

图 5-45　行的"属性"面板

在表格中选择列，通过列的"属性"面板对列的相关属性进行设置，如图 5-46 所示，列"属性"面板中各选项的功能与单元格的类似。

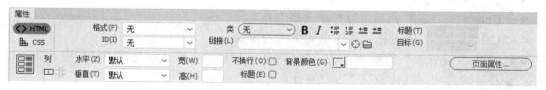

图 5-46　列的"属性"面板

5.3.10　调整表格大小

创建表格后，可以根据需要调整其大小，或者调整表格中的行高与列宽。调整整个表格大小时，表格中所有的单元格将成比例地改变大小。

1. 调整表格大小

选择表格后通过表格边框的控制点可以沿方向调整表格大小。将光标放在右下角的控制点上，鼠标指针变成双向空白箭头，拖动鼠标指针可同时调整表格的宽度和高度；也可以在选定表格后直接在"属性"面板中输入表格宽度来调整表格大小。

2．改变行的高度

将光标置于行中任意一个单元格中或者选择需要设置高度的行，再在"属性"面板的"高"文本框中直接输入行高；也可以使用鼠标拖动的方法，将光标置于两行之间的界线上，光标变成⇕形状时上下拖动即可改变行高，如图 5-48 所示。

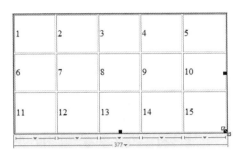

图 5-47　拖动鼠标调整表格大小

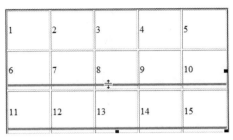

图 5-48　拖动鼠标调整行高

3．改变列的宽度

将光标置于列中任意一个单元格中或者选择需要设置宽度的列，再在"属性"面板的"宽"文本框中直接输入列宽；也可以使用鼠标拖动的方法，将光标置于两列之间的界线上，光标变成↔形状时左右拖动即可改变列宽，如图 5-49 所示。

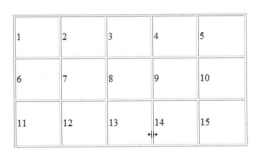

图 5-49　拖动鼠标调整列宽

5.4　表格的高级操作

5.4.1　对表格数据排序

Dreamweaver 2021 提供了表格排序功能，可以像 Excel 一样对表格中的数据进行排序，具体操作步骤如下：

（1）选定需要排序的表格。

（2）选择"编辑"→"表格"→"排序表格"命令，如图 5-50 所示。

（3）弹出"排序表格"对话框，如图 5-51 所示，在其中按要求设置好相应选项，单击"确定"按钮，表格即会按照设置进行重新排序。

图 5-50　"排序表格"命令　　　　图 5-51　"排序表格"对话框

5.4.2　导入表格数据

有时候，需要把利用制表符、逗号、分号、引号或者其他分隔符格式化的文本导入到网页文档中而成为表格，这就需要利用导入数据的功能。Dreamweaver 提供了更加快捷、方便的方法来将格式化数据导入到网页中。

将格式化数据导入 Dreamweaver 中的步骤如下：

（1）打开需要导入数据的网页文档。

（2）选择"文件"→"导入"→"表格式数据"命令，如图 5-52 所示。

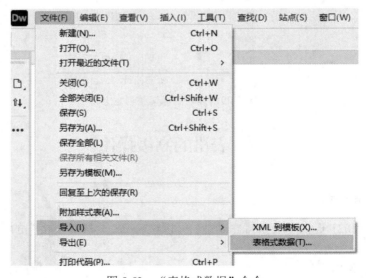

图 5-52　"表格式数据"命令

（3）弹出"导入表格式数据"对话框，设置"数据文件"和"定界符"等选项，单击"确定"按钮，表格数据即可插入到网页中，效果如图 5-54 所示。

图 5-53　"导入表格式数据"对话框

图 5-54　导入表格数据效果

5.4.3　导出表格数据

如果要把网页中的表格数据导出到其他文档中，可以通过"文件"→"导出"→"表格"命令来实现，具体操作步骤如下：

（1）打开需要导出数据的网页文档，选定表格或将光标置于表格中。

（2）选择"文件"→"导出"→"表格"命令，如图 5-55 所示。

（3）弹出"导出表格"对话框，设置"定界符"和"换行符"，单击"导出"按钮，

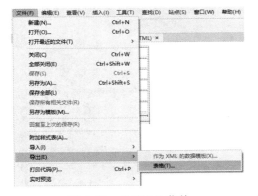

图 5-55　"导出"菜单

图 5-56　"导出表格"对话框

（4）弹出"表格导出为"对话框，如图 5-57 所示，设置保存的路径和文件名，单击"保存"按钮即可将数据导出。打开保存的文档，效果如图 5-58 所示。

图 5-57　"表格导出为"对话框

图 5-58　表格导出为文档后的效果

5.5   实例——应用表格布局网页

表格在网页中的一个重要功能就是用来布局网页。通过表格，可以将不同的网页元素放置在网页中的任何一个位置，使网页设计更加合理，达到更好的效果。

新建一个网页文档，采用表格布局的方式制作如图 5-59 所示的网页效果，素材均放在 images 子文件夹中，最后把网页另存为 5-1.html。

图 5-59   表格布局网页的最终效果

具体步骤如下：

（1）打开 Dreamweaver，选择"文件"→"新建"命令，在弹出的"新建文档"对话框中选择页面类型为 HTML，单击"创建"按钮即可新建一个网页文档。单击"属性"面板 CSS 中的"居中对齐"按钮，设置对齐方式为居中对齐。

（2）制作网页顶部：选择"插入"→"表格"命令，弹出"表格"对话框，具体设置如图 5-60 所示，单击"确定"按钮插入表格。将光标置于表格中的第一行，选择"插入"→"图像"→"图像"命令，插入 top.gif 图像。将光标置于表格中的第二行，选择"插入"→"表格"命令，"表格"对话框设置如图 5-61 所示，单击"确定"按钮插入表格。将光标置于新插入表格的第一个单元格中，选择"插入"→"图像"→"图像"命令，插入 menu_01.gif 图像。依此类推，分别在其他单元格中插入 menu_02.gif 和 menu_03.gif 等图像。

图 5-60　顶部表格设置

图 5-61　菜单栏的表格设置

（3）制作网页的主体区：将光标置于第一个表格外，按 Enter 键。选择"插入"→"表格"命令，弹出"表格"对话框，具体设置如图 5-62 所示，单击"确定"按钮插入表格。将光标置于第一列和第三列中，设置列宽为 215 像素（px），背景颜色为#D8FFCC，单元格垂直对齐方式为顶端对齐，水平对齐方式为居中对齐；将光标置于第二列中，单元格垂直对齐方式为顶端对齐，水平对齐方式为居中对齐。

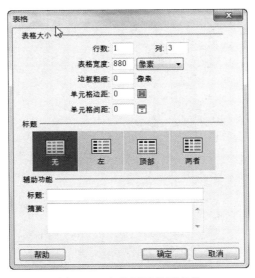

图 5-62　主体区最外层表格

在第一列中插入一个 6 行 1 列的表格，表格宽度设置为 200 像素；将光标置于新插入表格的第一行，设置该单元格的背景图像为 left02.gif，高度为 31 像素，水平对齐方式为左对齐。输入文字"图片新闻"，字体颜色设置为#FFFFFF，粗体显示。为第三行、第五行设置同样的效果，并分别输入文字"学院简报"和"友情链接"。设置第二、四、六行高度为 150 像素。复制这个表格至主体区表格的第 3 列中，把文字分别改为"在线学习""在线听力""在线测试"。

将光标置于第 2 列中，在其中插入一个 1 行 1 列的表格，表格宽度设置为 100%。将光标置于该表格中，插入一个 6 行 1 列的表格，表格宽度设置为 94%。设置第一、三、五行的高度为 30 像素，背景图像为 images/centerbg.gif 图像。将光标置于第一行中，插入一个 1 行 3 列的表格，表格宽度为 100%，设置行高为 30 像素，调整各列的宽度，在第二列中输入文字"新闻公告"，字体颜色为#26A10D，粗体，在第三列中插入图像 more.gif；复制该表格到第三行和第五行，把文字分别改为"教务公告"和"校友之窗"。设置第二、四、六行的高度为 180 像素。网页主体区部分设置完毕。

（4）制作版权区：将光标置于主体区最外层表格外，按 Enter 键。插入一个 1 行 1 列的表格，宽度为 880 像素，设置行高为 110 像素，背景颜色为#D8FFCC，水平对齐为居中对齐，输入相应的版权信息。

（5）保存网页为 5-1.html，按 F12 功能键预览。

第6章 层叠样式表 CSS

CSS 层叠样式表是一种用来描述 HTML 或 XML 等文件格式信息的文本，可以增强网页表现力，实现网页表现与内容分离，提高网站开发与维护的效率。

- CSS 样式规则的基本语法。
- 各类选择器及其使用方法。
- CSS 样式的引用方法。
- 常用的 CSS 属性。

6.1 CSS 概述

CSS（Cascading Style Sheets，层叠样式表），是一种用来表现 HTML 或 XML 等文件样式的计算机信息描述语言，格式化地显示 HTML 或 XML 的元素，实现网页格式与内容的分离。

HTML 的初衷是使用各种标记来定义文档的内容，例如通过使用<p>、<h1>、<table>等标记表示对应的内容为"段落""一级标题""表格"，至于网页文档的布局则由浏览器来完成，而不使用格式化标记。

由于浏览器不断地将新的 HTML 标记和属性（如字体标记和颜色）添加到 HTML 标准中，使得创建页面内容清晰、格式表现丰富的大型网站变得非常困难。为了解决这一难题，非营利性标准化组织——万维网联盟（W3C）在 HTML 4.0 之外创造出样式（Style），目前几乎所有的主流浏览器均支持层叠样式表。

实际上，CSS 最早由就职于麻省理工学院媒体实验室的美国人哈肯·维姆·莱（Hakon Wium Lie）于 1994 年在芝加哥的一次 WWW 研讨会上提出，次年哈肯·维姆·莱与伯特·波斯（Bert Bos）再次提出 CSS，刚组建的万维网联盟（W3C）对 CSS 非常感兴趣并组织了一次专门的技术研讨会，最终以哈肯、伯斯、微软的托马斯·里尔登为主要技术负责人对 CSS 的技术进行研究并逐渐形成规范。

1996 年 12 月 CSS 1.0 版本规范起草发行，1997 年 2 月在万维网联盟内部组织了专门负责 CSS 工作的小组，研究 CSS 1.0 版本未涉及的问题，并于 1998 年 5 月发布 CSS 2.0 版本。

CSS 1.0 包含非常基本的格式属性，如字体、颜色、空白、边框等；CSS 2.0 在此基础上添加了浮动和定位等高级属性，还引入一些高级选择器（子选择器、相邻同胞选择器、通用选择器等）。

CSS 3 在 2000 年就已经成为推荐标准，目的是提高浏览器开发和实现速度，CSS 3 被分割为多个模块，且这些模块独立发布和维护，然而由于涉及面极广，导致推行速度非常缓慢，仍有很多模块在不停地发展中，因此到目前为止最新版本仍为 CSS 3。

CSS 使得网页文档变得简洁，网站更容易维护，具体作用主要有以下几点：

（1）不使用不必要的标记。虽然大部分浏览器都遵循 HTML 标准与规范，但为了实现个性化和提高用户体验，每个浏览器对 HTML 标记的解析并不完全相同，使得 HTML 标记原有的属性在各个浏览器中表现不一致，甚至产生冲突和歧义。并且随着浏览器版本的不断更新会涉及更多的 HTML 标记和属性，使得在大型网站中创建一个合理语义化的页面结构变得非常复杂，难以实现。

通过使用 CSS 样式可以定义字体、颜色等标记属性，可以不使用带有样式功能的标记，避免在浏览器间产生兼容性问题。

（2）高效地布局网站。随着移动终端（智能手机、平板电脑等）的高速发展与普及，越来越多的网站采用 Div+CSS 模式来布局站点，这种模式使用 Div 标记来容纳网站内容信息，而把与内容信息相关的格式信息用 CSS 来实现，达到内容与格式分离，特别适合流量受限制、根据用户访问点动态加载、面向移动平台的网站。

（3）提高开发和维护效率。CSS 的主要作用是实现内容与格式分离，如果网站采用 CSS 来实现页面的布局与排版，将网站的样式信息存放在独立的样式文件中或者包含在<style>与</style>标记中间，则当需要修改网站的风格时，只需要修改对应的 CSS 样式表，整个网站的风格会随之发生改变，而不必逐一地更新每个页面，CSS 样式表与网站内容信息不相关，不影响后台数据库系统，极大地提高了开发与维护的效率。

6.2　CSS 的基本语法规则

CSS 代码可以存放在 HTML 文档中的<style>和</style>标记内，也可以存放在网页标记的 style 属性中，还可以存放在独立的样式表文件（扩展名为.css 的文本文件）中，通过<link>标记或者@import 命令导入到网页文档中。

CSS 样式的语法格式如下：

说明：

（1）CSS 样式的定义由两个主要部分构成：选择符和一条或多条声明。

（2）声明由一个属性和一个属性值组成，属性和属性值之间用冒号分开，如果要定义不止一个声明，则用分号将每个声明分开。在最后一条声明中可以省略分号，但建议使用分号结束每条声明。所有的声明都放在{}中。

（3）选择符也称为选择器的名称，指这组样式编码所要应用的对象，可以是一个 HTML 标签，如<body>、<h1>等，也可以是一个定义了特定 id 或 class 的标签，或由用户自己定义的名称。

（4）样式属性是 CSS 样式控制的核心，对于每一个 HTML 中的标签，CSS 都提供了丰富的样式属性，如颜色、大小、定位和浮动方式等。

（5）值指的是属性的取值，值的形式有两种：一种是指定范围的值，如 float 属性，只可以应用 left、right 和 none 这 3 个值；另一种是数值，如 width 能够取值于 0～9999px 或者通过其他数学单位来指定。

下面是一个简单的 CSS 样式规则实例。

    h1 { color:red;}

其中，此处 h1 既是样式规则的选择器又是 HTML 的基本标记，color 是 CSS 的一个属性，表示文本的颜色，red 是属性 color 的属性值，表示红色，也可以使用 RGB 值#F00 来表示。这条样式规则的效果是将页面中的一级标题的字体颜色设置为红色。

下面是另一个 CSS 样式规则的实例，它包含了两个属性声明，声明之间使用分号 ";" 分隔。

    h1 {
        color:#F00;
        font-size: 14px;
    }

其中，h1、color 表示的意义与上一个实例完全相同，在此不再赘述。但这里使用 RGB 色彩模式来表示文本的颜色，值#F00 对应的颜色即为红色。属性 font-size 用来设置元素的字体大小，值设置为 14px，表示字体大小为 14 个像素点，所以这条样式规则的效果是将页面中的一级标题的字符颜色设置为红色，字体大小设置为 14 个像素点。

6.3　选择器

在浏览器解析 CSS 样式表时，CSS 样式规则中的选择器负责确定对应的规则作用到网页文档中的哪些元素，这个过程称为样式规则的匹配，匹配到具体的对象后再根据 CSS 样式规则中的声明将匹配对象格式化地显示在浏览器窗口中。

CSS 样式规则的选择器数量很多，使用也非常灵活，从而使得用户能够精确地控制网页中的各种元素与对象，产生绚丽的显示效果。然而要熟练地掌握 CSS 样式规则的选择器，达到灵活应用，则需要读者不断地学习和实践。

CSS 样式规则的选择器主要有 4 种类型：派生选择器、ID 选择器、类选择器、复合内容选择器。

6.3.1　派生选择器

派生选择器使用 HTML 中的标记作为选择器名称，规则中声明的属性会覆盖标记原有的属性，每一个 HTML 标记都可以作为派生选择器的名称。例如以段落标记<p>作为选择器的名称，可以重新定义<p>标记在网页文档中原有的样式风格，同理以一级标题标记<h1>的派生选择器来重新定义网页中所有<h1>标记的格式，代码如下：

    <style>
        h1 {
            color:blue;
            font-size:30px;
            font-weight:bold;
        }
        p {color:black;}
        a {text-decoration:underline;}
    </style>

上述 CSS 代码定义了 3 个派生选择器的样式规则，第一个样式规则将网页中所有的一级标题<h1>标记设置为：字体颜色为蓝色，字形为粗体，字体大小为 30 个像素点；第二个样式规则将段落标记<p>设置为：字体颜色为黑色；第三个样式规则将超链接标记<a>对应的文本设为带有下划线。

CSS 对所有属性和属性值都有严格的要求，若使用了 CSS 中不存在或不支持的属性、属性的值不符合属性的规范等，都不能使对应的 CSS 样式规则生效，下面是一些典型的错误语句。

　　　　error-width:30px;
　　　　color:errorcolor;

对于上面提到的这些错误，通常情况下可以直接利用专门的 CSS 编辑器（如 Dreamweaver 或 Expression Web）的语法提示功能来避免或减少，但有时候还需要查阅 CSS 技术手册或者登录 W3C 的官网 http://www.w3.org 查阅 CSS 的详细技术说明。

派生选择器的优点是能够快速为页面中同类型的标记定义统一的样式，但显然它的缺点也因此而产生，即不能设计差异化样式，并且有时候会与其他样式相互干扰。

例如，如果在网页中定义如下样式规则：div 标记定义宽度为 800px，对应的 CSS 样式规则代码为：

　　　　div { width:800px;}

那么使用 div 进行布局时就需要重新为页面中的每个 div 对象定义宽度，因为在页面中并不是每个 div 元素的宽度都为 800px，将使整个网站的开发效率降低。

那么在什么情况下选用派生选择器呢？

如果希望将某个标记在网页中统一地定义样式，就可以使用派生选择器。例如，ul 标记默认会自动缩进且带有列表项符号，在使用它制作网页中的菜单时，这种默认的样式会给列表布局带来麻烦，此时可以用 ul 作为派生选择器的名称，重新定义 ul 的样式。

```
ul{/*重新定义样式*/
    margin:0px;           /*定义外边距为 0px*/
    list-style:none;      /*定义列表样式为 none*/
}
```

如果想让整个网页有统一的字体效果，可以通过<body>标记来定义派生选择器，实现文档中字体大小、行高等效果的统一：

　　　　body {font: l2px/1.6em Arial, Helvetica, sans-serf}

如果想让网页中的表格有统一的样式，可以通过<table>标记来定义派生选择器：

```
table{
    font-size: 12px;       /*定义字体大小为 12px*/
    color:#666;            /*定义表格字体颜色为中灰*/
    line-height:200%;      /*定义行高为默认值的 2 倍*/
}
```

如果要去掉网页中的所有超链接默认带下划线的样式，只需要用下面的派生选择器即可实现：

　　　　a {text-decoration: none;}

此外还可以通过<img>标记定义派生选择器来清除网页中图像的边框，通过<input>标记定义派生选择器来定义文本输入框的边框样式为浅灰色实线：

　　　　img {border:0px;}
　　　　input{border:solid 1px #ddd;}

　　<div>和<span>等容器类通用结构标记不建议用作派生选择器，因为这些标记的应用范围广泛，且每次使用这些标记时的样式不尽相同，统一定义为派生选择器反而会相互干扰、降低效率。

6.3.2　ID 选择器

　　CSS 样式规则的 ID 选择器使用符号"#"作为前缀标识符，"#"后面紧跟的是 ID 选择器名称，语法为：

　　　　#ID_SELECTOR_NAME { PROPERTY1:VALUE1; PROPERTY2:VALUE2; }

　　ID 选择器的名称 ID_SELECTOR_NAME 必须是唯一的，常与网页文档中的某一个具体的标记相关联，且只能在页面中使用一次，针对性很强。用来构建网页中整体框架的标记应该定义相应的 ID 属性，因为这类对象在网页中通常具有唯一性、确定性、不重复性，例如版权区块、Logo 框、导航条等。

　　然而并不是网页中的每个元素都要定义一个 ID 属性，那样就违背了 CSS 提倡的代码简化原则。一般建议对模块的外围结构元素使用 ID 属性，内部元素可以定义 CLASS 属性，因为外围结构通常是唯一的，而内部元素则常常会重复出现。这样就可以通过 ID 选择器来精确匹配容器中所有的子元素。

6.3.3　类选择器

　　类选择器定义的 CSS 样式为类样式，可应用于任何 HTML 元素，定义类选择器名称（类的名称）时必须以"."开头，"."后面可以是任意英文单词或者英文开头与数字的组合，一般根据其功能命名。例如：

　　　　.p1{color: #333;text-indent:2em}

创建了一个 CSS 类样式，选择器类型为类，选择符（选择器名称）为.p1，该样式有两个声明：一个声明设置文本的颜色属性 color 的值为#333，另一个声明设置文本的首行缩进属性 text-indent 的值为 2em，该样式可应用于任何 HTML 网页元素。

6.3.4　复合内容选择器

　　重新定义同时影响两个或多个标签、类或 ID 的复合规则，可以是基于选定的网页内容。例如：

　　　　Div p{font-size:16px;color:#0066FF}

创建了一个复合样式，选择器为复合内容，选择符（选择器名称）为 Div p，该样式设置<Div>标签内的所有 p 元素，定义其文本字体大小属性 font-size 的值为 16px，属性 color 的值为#0066FF。该样式应用于网页中所有 Div 标签内的文本元素。

6.4　CSS 样式的存放位置

　　CSS 样式定义的代码有两种存放方式：一种是将 CSS 样式表代码保存在文档的内部；另一种是保存在扩展名为.css 的样式文件中。

6.4.1　保存在文档内部

把 CSS 样式保存在创建它的文档中有两种形式：内嵌样式和内部样式表。

1. 内嵌样式

将 CSS 代码混合在 HTML 标记里使用，这种方法只能简单地对某个元素单独定义样式。内嵌样式是直接在 HTML 标记里加入 style 参数，而 style 参数的内容就是 CSS 的属性和值。例如：

```
<p style="color:red;margin-left:20px">
</p>
```

在段落标记<p>和</p>之间嵌入由 style 参数定义的样式，定义这个段落字体颜色为红色，左边距为 20 像素，style 参数后面引号里的内容 color:red;margin-left:20px 相当于样式表括号｛｝里的内容。

2. 内部样式表

利用<style></style>标记把样式表代码存放在 HTML 头部的<head>和</head>标记之间，定义的样式可以在页面中应用。例如：

```
<head>
…
<style type="text/css">
hr {color:red}
p {margin-left:20px}
body {background-image:url("images/bg_01.jpg")}
</style>
…
</head>
```

在本文档中定义了 hr、p、body 三个 CSS 样式，<style>标记的属性 type 指明样式的类别。样式的类别除了有 CSS 外，还有 type="text/javascript"等类别，type 的默认值为 text/css，作用范围是本文档。

采用这种方式存放的样式表在同一网页中可以多次使用。若同一页面中多次使用了同一个样式，修改该样式时所有使用该样式的对象都会随之变化。但这种方式保存的样式表不能应用于其他网页，也就是说，对于同样的 CSS 样式规则，用户每新建一个网页就必须重新定义一遍 CSS 样式，修改时也必须打开每个网页单独修改。

内嵌样式和内部样式表的区别在于，内嵌样式只能对网页的指定元素定义、应用，内部样式表定义的样式在同一文档中可以重复使用。

后续章节中介绍的内部样式都是指内部样式表，即把 CSS 样式代码保存在当前文档的<head>和</head>标记之间。

6.4.2　保存在外部 CSS 文件中

创建一个扩展名为.css 的样式文件，将创建的样式表保存在样式文件中，用链接或导入的方法将样式文件和网页文件联系起来，网页就可以使用样式文件中的样式了。

样式文件是独立的文件，可以链接或导入到多个网页中，多个网页可由同一个样式文件控制，共享一个样式文件，而一个网页也可以引用多个样式文件。当修改样式表文件的样式时所有链接到该样式表文件的网页都会随之变化。

例如有如下 3 个样式：

```
hr {color:red}
p {margin-left:20px}
body {background-image:url("images/bg_01.jpg")}
```

可以创建一个样式文件 style.css，将 hr、p、body 这 3 个样式保存在该文件中，在使用样式时可以将样式文件链接或导入到指定的网页中。

6.5　CSS 样式的分类

CSS 样式的分类通常有两种方法：一种是根据 CSS 代码的保存位置分类，另一种是根据选择器的类型分类。

6.5.1　根据 CSS 的保存位置分类

根据 CSS 的保存位置不同，可以将 CSS 样式分为内部 CSS 样式和外部 CSS 样式。

（1）内部 CSS 样式：CSS 样式代码保存在文档内部。

（2）外部 CSS 样式：CSS 样式代码保存在样式文件中。

内部 CSS 样式和外部 CSS 样式的作用范围不同，内部 CSS 样式的作用范围仅限本文档，外部 CSS 样式可作用于多个网页文档。

6.5.2　根据选择器的类型分类

选择器有 4 种类型，每一种选择器对应一个样式类型。

（1）类样式（也称为自定义 CSS 样式）：定义的 CSS 样式可应用于网页中的任何 HTML 元素。

（2）ID 样式：定义的 CSS 样式应用于和 ID 样式相同 ID 的元素。

（3）标签样式（重定义标签样式）：为标签设置新的样式属性。

（4）复合样式：定义类、标签或 ID 的复合规则。

6.6　CSS 样式的创建及应用

要利用 CSS 样式表美化修饰网页，首先要创建 CSS 样式，然后将创建的 CSS 样式应用到要修饰的网页对象。在 Dreamweaver 2021 中，可以直接编写 CSS 代码创建和应用 CSS 样式，也可以通过可视化的方法创建 CSS 样式，利用可视化的方法创建及应用 CSS 样式会自动生成并保存相应的 CSS 代码，在"代码"或"拆分"视图中可以浏览生成的 CSS 代码。本节主要介绍如何用可视化方法创建及应用 CSS 样式。

6.6.1　"CSS 设计器"面板

利用"CSS 设计器"面板可以创建、查看、编辑和删除 CSS 样式，也可以将外部样式表链接或导入到网页文档中。

1. 打开"CSS 设计器"面板

打开"CSS 设计器"面板的方法有以下 3 种：

（1）执行"窗口"→"CSS 设计器"命令可以显示或隐藏该面板的，如图 6-1 所示。

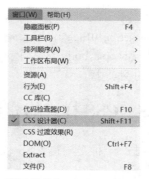

图 6-1　利用菜单打开"CSS 设计器"面板

（2）按 Shift+F11 组合键打开"CSS 设计器"面板。

（3）在文档窗口中选择文本，在"属性"面板的 CSS 检查器中单击"CSS 和设计器"按钮打开"CSS 设计器"面板，如图 6-2 所示。

图 6-2　"属性"面板

2. "CSS 设计器"面板的显示模式

"CSS 设计器"面板有两种显示模式：全部模式和当前模式，图 6-3（a）所示为全部模式，图 6-3（b）所示为当前模式，单击"全部"或"当前"标签即可进行两种模式的切换。

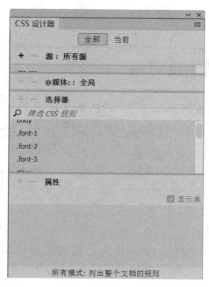

（a）"全部"模式

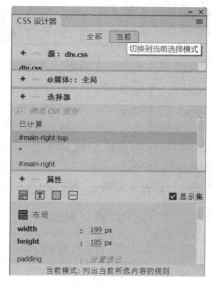

（b）"当前"模式

图 6-3　"CSS 设计器"面板

"全部"模式下的"CSS 设计器"面板显示当前文档中所有可用的 CSS 样式规则和属性，"当前"模式下的"CSS 设计器"面板只显示当前所选页面元素正在使用的 CSS 样式规则和属性。

6.6.2　内部 CSS 样式的创建及应用

内部 CSS 样式代码利用<style>和</style>标记，存放在当前文档 HTML 代码的<head>和</head>标记之间。内部 CSS 样式只能应用于创建它的网页文档内，不能被其他网页所调用。本节介绍内部 CSS 的创建、应用和管理。

1. 创建内部 CSS 样式

创建内部 CSS 样式，可将当前文档切换到"拆分"或"代码"视图，在<head>和</head>标记之间直接输入 CSS 样式代码，也可以用可视化的方法创建。利用可视化方法创建的内部 CSS 样式会自动生成 CSS 样式代码，生成的代码会自动保存在<head>和</head>标记之间。这里主要介绍可视化的方式利用"CSS 设计器"面板创建内部 CSS 样式。

创建步骤如下：

（1）选择"窗口"→"CSS 设计器"命令打开"CSS设计器"面板。在"源"窗格中单击"添加 CSS 源"按钮 ＋，在下拉列表中选择"在页面中定义"选项，如图 6-4 所示。

（2）在"@媒体"窗格中列出了所选源中的全部媒体查询。根据需要选择媒体查询或者单击"添加媒体查询"按钮自定义媒体查询。Dreamweaver 2021 对媒体查询的颜色进行了编码以匹配可视媒体查询，定义媒体查询后，在"@媒体"窗格中列出媒体查询将显示的相应颜色。

注意： 因为现在移动设备快速普及，用户可以使用各种智能手机、平板电脑和其他设备来查看网页内容，而媒体查询是向不同设备提供不同样式的一种方式，它为每种类型的用户提供了最佳的体验。作为 CSS 3 规范的一部分，媒体查询扩展了 media 属性的类别，允许设计人员基于各种不同的设备属性（如屏幕宽度、方向等）来确定目标样式。

图 6-4　创建内部样式表

（3）单击"添加选择器"按钮，输入选择器名称，如派生（标签）选择器 h1、类选择器.font01、ID 选择器#topdiv 等，不同种类的 CSS 样式，其作用于网页对象的范围也不同。

- 类（可应用于任何 HTML 元素）：创建的 CSS 样式可应用于任何 HTML 元素。
- ID（仅应用于一个 HTML 元素）：创建的 CSS 样式仅可以应用于具有和选择器名称相同 ID 的 HTML 元素。
- 标签（重新定义 HTML 元素）：用于选择器名称指定的标签。
- 复合内容（基于选择的内容）：用于定义同时影响两个或多个标签、类或 ID 的复合 CSS 样式。

不同的选择器类型对应着不同的名称格式。类选择器的名称以"."开头，ID 选择器以"#"开头，标签和复合内容选择器可直接在下拉列表中选择。

（4）在"属性"列表中设置 CSS 样式属性，Dreamweaver 2021 提供了一组简便、直观的选项卡式控件 ▦ T □ ▨ ⋯ 来协助用户设置 CSS 属性，从左到右依次为布局、文本、边框、背景和更多，如图 6-5 所示。

图 6-5　CSS 设计器属性窗格

2. 应用内部 CSS 样式

创建了 CSS 样式后，可以将它应用于网页对象中。如果创建的内部样式"选择器类型"为标签，则样式创建完成后不需要任何操作，该样式自动应用到和选择器名称对应的网页元素上。若"选择器类型"为类，则需要在网页文档中选中需要应用 CSS 样式的元素，在"属性"面板 CSS 的"目标规则"下拉列表框中选择相应的 CSS 类样式名，样式即可应用到该元素，如图 6-6 所示；也可以单击"属性"面板 HTML 的"类"下拉按钮，选中需要应用的 CSS 类样式名称，样式即可应用到该元素，如图 6-7 所示。

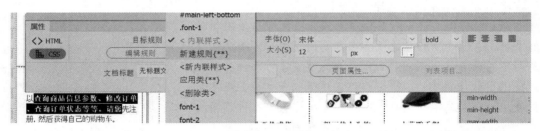

图 6-6　在"属性"面板 CSS 的"目标规则"下拉列表框中应用样式或取消样式的应用

图 6-7　在"属性"面板 HTML 的"类"下拉列表框中应用样式或取消样式的应用

如果"选择器类型"为 ID，则需要在网页文档中选中需要应用 CSS 样式的元素，在"属性"面板 HTML 的 ID 下拉列表中选中需要应用的 CSS 类样式名称，样式即可应用到该元素，如图 6-8 所示。需要注意的是，ID 选择器只能应用于网页中的一个元素，不能应用于多个元素。

图 6-8　在"属性"面板 HTML 的 ID 下拉列表框中应用样式或取消样式的应用

下面举例说明内部 CSS 样式的创建及应用。

【例 6.1】在 Dreamweaver 2021 中，打开 D:\mysite\6-1.html 文档，创建类样式.f1、ID 样式#f2，第一段文字应用类样式.f1，第二段文字应用 ID 样式#f2。

样式.f1 和#f2 的 CSS 样式代码如下：

```
.f1{font-family:"仿宋";font-size:24px; text-decoration: underline;color:#00F; font-weight:bold}
#f2{font-weight:bold;font-style: oblique; color: #F00}
```

操作步骤如下：

（1）打开"CSS 设计器"面板，如图 6-9 所示，单击"源"窗格中的"添加 CSS 源"按钮 ，在下拉列表中选择"在页面中定义"选项。

（2）单击"选择器"窗格中的"添加选择器"按钮 ，输入选择器名称.f1。

（3）在"属性"窗格中设置 font-family（字体）为"仿宋"，font-size（字体大小）为 24px，text-decoration（文字修饰）为 underline，color（字体颜色）为#00f，如图 6-10 所示，完成类样式.f1 的创建。

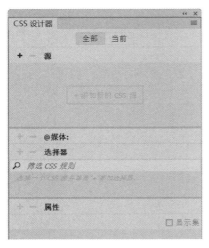

图 6-9　"CSS 设计器"面板

图 6-10　类样式.f1 的"CSS 设计器"面板

说明：在选择 font-family（字体）时，若下拉列表中没有要选择的字体类型，可选择下拉列表中的"管理字体"选项（如图 6-11 所示），弹出如图 6-12 所示的"管理字体"对话框，单击"自定义字体堆栈"选项卡，选择所需的字体添加到"选择的字体"列表中，单击"完成"按钮即可将"选择的字体"添加到字体列表中。

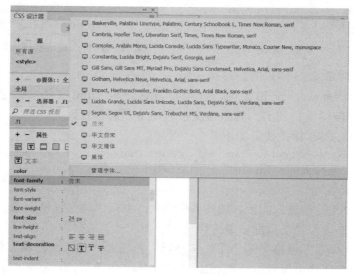

图 6-11 选择字体

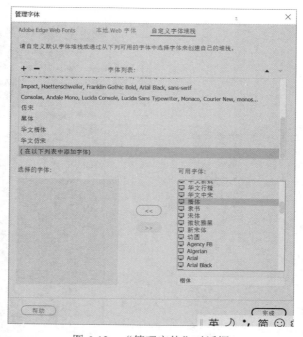

图 6-12 "管理字体"对话框

（4）类样式定义完成以后，需要应用样式，所定义的样式才能起作用。选择网页中要应用样式的第一段文本，如图 6-13 所示，然后单击"属性"面板 HTML 组"类"中的 f1 选项（如图 6-14 所示）或者"属性"面板 CSS 组"目标规则"中的 f1 选项（如图 6-15 所示），样式就被应用到相应的对象上了，应用完成的文档效果如图 6-16 所示。

图 6-13　选择网页中要应用样式的文本

图 6-14　将.f1 样式应用到选中的文本上

图 6-15　将.f1 样式应用到选中的文本上

图 6-16　.f1 样式的应用效果

（5）在"CSS 设计器"面板中创建 ID 样式#f2：在"源"窗格中选择 style，单击"选择器"窗格中的"添加选择器"按钮 ，输入选择器名称#f2；在"属性"窗格中设置 color（字体颜色）为#f00，font-weight 为 bold（粗体），font-style 为 oblique，如图 6-17 所示。

图 6-17　ID 样式#f2 的"CSS 设计器"面板

（6）选择网页中要应用样式的第二段文本，单击"属性"面板 HTML 组 ID 中的 f2 选项，如图 6-18 所示，样式就被应用到相应的对象上了，应用完成的文档效果如图 6-19 所示。

图 6-18　将#f2 应用到选中的文本上

图 6-19　应用.f1 和#f2 样式的效果

切换文档到"代码"或"拆分"视图，如图 6-20 所示，从 HTML 代码可以看到，样式.f1 和#f2 利用<style>和</style>标记保存在 HTML 代码的<head>和</head>之间。

```
5 ▼ <head>
6   <title>css样式.jpg</title>
7   <meta http-equiv="Content-Type" content="text/html; charset=utf-8" />
8
9 ▼ <style type="text/css">
10 ▼  .f1 {
11        color: #00f;
12        font-size: 24px;
13        text-decoration: underline;
14        font-family: "仿宋";
15    }
16 ▼ #f2 {
17        color: #f00;
18        font-weight: bold;
19        font-style: oblique;
20    }
21   </style>
22   </head>
```

图 6-20　"代码"视图中的 CSS 代码

在创建样式时，当前文档的所有内部 CSS 样式或与当前文档关联的 CSS 样式都显示在"CSS 设计器"面板中，如本例中创建的内部 CSS 样式.f1 和#f2 均显示在"CSS 设计器"面板中。

【例 6.2】复合样式的创建及应用。在 Dreamweaver 2021 中，打开 D:\mysite\6-2.html 文档，设置导航链接文字的效果。

（1）设置复合样式 a:link，使导航链接文字在默认状态下没有下划线。

　　　a:link{text-decoration:none}

（2）设置复合样式 a:hover，使鼠标经过导航链接文字时链接文字变为红色，出现下划线。

　　　a:hover{color:#ff0000; text-decoration:underline}

（3）设置复合样式 a:visited，使访问过的导航链接文字没有下划线。

　　　a:visited{text-decoration:none}

操作步骤如下：

（1）预览文档，观察导航链接文字的默认状态、鼠标经过的状态及访问过的状态。

（2）打开"CSS 设计器"面板，单击"源"窗格中的"添加 CSS 源"按钮 +，在下拉列表中选择"在页面中定义"选项。

（3）单击"选择器"窗格中的"添加选择器"按钮 +，输入选择器名称 a:link，按 Enter 键确认输入。

（4）在"属性"窗格中设置 text-decoration 属性为 none，完成复合样式 a:link 的创建，如图 6-21 所示。

（5）用同样的方法创建复合样式 a:hover 和 a:visited，创建完成后预览网页，观察其导航链接文字样式的变化。

图 6-21　a:link 的"CSS 设计器"面板

复合内容（基于选择的内容）主要用于定义同时影响两个或多个标签、类或 ID 的复合 CSS 样式。超链接文字样式归于复合内容，可以设置的样式有 a:link、a:visited、a:active 和 a:hover。

- a:link：设置正常状态下链接文字的样式。
- a:hover：设置当鼠标放在链接上时的文字样式。
- a:active：设置当前被激活的链接（即在链接上按住鼠标左键时）的文字样式。
- a:visited：设置被访问过的链接文字的样式。

3. 管理内部 CSS 样式

利用"CSS 设计器"面板不仅可以创建 CSS 样式，还可以管理样式，对已创建的样式进行修改、删除、添加属性、复制等操作。下面以 D:\mysite\6-1.html 文档为例来介绍内部 CSS 样式的管理。

打开 D:\mysite\6-1.html 文档，文档中创建的内部 CSS 样式都显示在"CSS 设计器"面板中，如图 6-22 所示。

图 6-22　"CSS 设计器"面板

（1）修改 CSS 样式：在"CSS 设计器"面板中选中该样式，设置"属性"窗格中的相关属性即可修改样式；也可以通过"属性"面板修改样式，如图 6-23 所示，在"目标规则"下拉列表框中选择要修改的样式，单击"编辑规则"按钮，弹出"CSS 规则定义"对话框，如图 6-24 所示，在其中修改样式。

图 6-23　利用"属性"面板修改 CSS 样式

图 6-24　"CSS 规则定义"对话框

（2）删除 CSS 样式：在"CSS 设计器"面板的"选择器"窗格中选中该样式，单击"删除 CSS 选择器"按钮　即可删除选中的 CSS 样式。

（3）给某个 CSS 样式添加属性：在"CSS 设计器"面板的"选择器"窗格中选中该样式，在"属性"窗格中单击"添加属性"按钮，输入属性和具体的属性值。

（4）复制 CSS 样式：在"CSS 设计器"面板的"选择器"窗格中选中该样式并右击，在弹出的快捷菜单中选择"直接复制"选项，如图 6-25 所示，输入选择器名称，按 Enter 键完成复制，复制生成的 CSS 样式会出现在"CSS 设计器"面板中。

图 6-25　复制 CSS 样式

需要注意的是，内部样式表只能在创建它的网页文档中使用，不能被其他网页文档调用。

6.6.3　外部 CSS 样式的创建及应用

在制作大量相同样式页面的网站时，可以使用链接外部样式表的方式控制多个页面，保持页面风格一致，这样既减少了重复的工作量，又有利于网站页面的修改和编辑，在浏览网页时又可以减少重复代码的下载，提高网页的浏览速度。本节主要介绍外部 CSS 样式的创建、应用及管理。

1. 创建外部样式表文件

下面介绍创建外部样式表的两种方法。

方法 1：直接创建样式文件。

操作步骤如下：

（1）在 Dreamweaver 2021 中选择"文件"→"新建"命令，弹出"新建文档"对话框，在其中选择"新建文档"，文档类型选择 CSS，单击"创建"按钮，如图 6-26 所示。

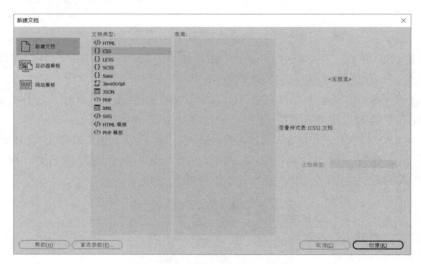

图 6-26　"新建文档"对话框

（2）打开代码的编辑窗口，如图 6-27 所示，在其中输入 CSS 样式代码。

一个样式文件中可以保存多个样式，本 CSS 样式文件中定义了水平线（hr）、段落（p）、网页（body）三个标签样式。

图 6-27　代码编辑窗口

（3）选择"文件"→"保存"命令，弹出"另存为"对话框，如图 6-28 所示，在其中选择文件的保存路径，设置文件名为 style.css，单击"保存"按钮完成 CSS 样式文件的创建。

图 6-28　"另存为"对话框

CSS 样式文件的扩展名为.css，为便于使用和管理，通常在站点根目录下创建一个以 css 命名的文件夹，将站点中使用的所有外部 CSS 样式文件均保存在该文件夹中。

样式表文件中不包含 HTML 标记，CSS 样式表文件不仅可以利用 Dreamweaver 2021 创建，任何文本编辑器（如记事本、Word）也都可以创建、打开、编辑 CSS 样式文件，在用文本编辑器创建样式表文件时，保存文件的扩展名必须定义为.css。

方法 2：利用"CSS 设计器"面板创建。

步骤如下：

（1）打开"CSS 设计器"面板，单击"源"窗格中的"添加 CSS 源"按钮 ，在下拉列表中选择"创建新的 CSS 文件"（如图 6-29 所示），弹出"创建新的 CSS 文件"对话框，如图 6-30 所示。

图 6-29　"添加 CSS 源"菜单　　　　　　图 6-30　"创建新的 CSS 文件"对话框

（2）在"文件/URL"文本框中输入新的 CSS 文件名，如 ABC.CSS，或者单击文本框右侧的"浏览"按钮打开"将样式表文件另存为"对话框，如图 6-31 所示，选择文件的保存位置，输入文件名，或者选择已有的样式文件，将样式保存在已有的样式文件中，单击"保存"按钮完成创建。

创建了外部样式表文件后，可以利用"CSS 设计器"面板创建新的选择器，设置选择器的相关属性，如图 6-32 所示。

图 6-31   "将样式表文件另存为"对话框

图 6-32   创建外部样式表中的选择器

2. 外部 CSS 样式的应用

外部 CSS 样式需要链接或导入文档才可以应用，将样式文件链接或导入当前文档后，样式的应用和内部样式的应用方法相同。

可以使用 CSS 样式面板将样式文件导入或链接到文档中，也可以利用 HTML 的<link>标记或@import 声明链接或导入样式文件。

导入的方式是在<style>和</style>标记之间利用 CSS 的@import 声明引入外部样式表，声明中的 url("css/style2.css")指定导入文件的位置。

链接外部样式表和导入外部样式表的用法相似，两者的区别在于：导入的方式在浏览器下载 HTML 文件时就将样式文件的全部内容复制到@import 关键字所在的位置，以替换该关键字；而链接方式在浏览器下载 HTML 文件时并不进行替换，在需要引用 CSS 样式文件的某个样式时浏览器才链接样式文件，读取需要的样式。

一个 CSS 外部样式文件可以链接或导入到多个文档中，一个文档可以导入或链接多个外部 CSS 样式文件，但要注意样式表定义的冲突问题。

【例 6.3】在 Dreamweaver 2021 中，创建 css.css 样式表文件，在其中设置标签选择器 body 的字体为"华文楷体"，背景颜色为#B3F6C7，字体颜色为#EC2619；创建类选择器.font01，设置其字体为仿宋，字体颜色为蓝色；创建类选择器.font02，设置字体有下划线、加粗、倾斜。把 css.css 附加到 6-3.html 中，应用.font01 到第一段文字中，应用.font02 到第二段文字中。

操作步骤如下：

（1）选择"文件"→"新建"命令，弹出"新建文档"对话框，选择"文档类型"为 CSS，单击"创建"按钮，如图 6-33 所示。

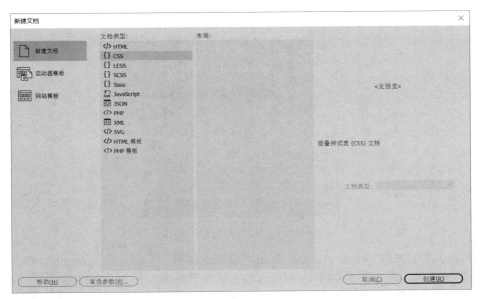

图 6-33　"新建文档"对话框

（2）创建了一个空白的 CSS 文件，如图 6-32 所示。选择"文件"→"保存"命令，弹出的"另存为"对话框，输入文件名 css.css，单击"保存"按钮，如图 6-35 所示。

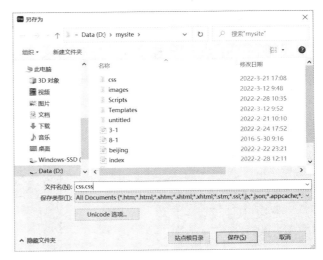

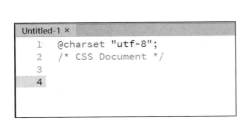

图 6-34　刚创建的 CSS 文件　　　　　图 6-35　"另存为"对话框

（3）选择"窗口"→"CSS 设计器"命令打开"CSS 设计器"面板，在"源"窗格中选择 css.css，单击"添加选择器"按钮，输入 body，按 Enter 键后在"属性"窗格的"文本"分类中设置 font-family 为"华文楷体"，在"背景"分类中设置 background-color 为#B3F6C7，如图 6-36 所示。

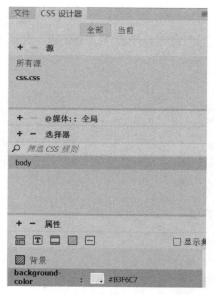

图 6-36 "CSS 设计器"面板

（4）在"源"窗格中选择 css.css，单击"添加选择器"按钮，输入.font01，按 Enter 键后在"属性"窗格的"文本"分类中设置 font-family 为"仿宋"，color 为 blue。

（5）在"源"窗格中选择 css.css，单击"添加选择器"按钮，输入.font02，按 Enter 键后在"属性"窗格的"文本"分类中设置 font-style 为 oblique，font-weight 为 bold，text-decoration 为 underline。

（6）选择"文件"→"保存"命令，将 css.css 文件保存好。

（7）在 Dreamweaver 2021 中打开 6-3.html，单击"CSS 设计器"面板中的"添加 CSS 源"按钮，在下拉列表中选择"附加现有的 CSS 文件"选项（如图 6-37 所示），弹出"使用现有的 CSS 文件"对话框（如图 6-38 所示），单击"浏览"按钮选择 css.css 文件，单击"确定"按钮把外部样式表文件 css.css 附加到 6-3.html 中。

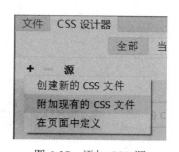

图 6-37 添加 CSS 源

图 6-38 "使用现有的 CSS 文件"对话框

（8）可以看到，6-3.html 页面的背景颜色发生了变化，同时文字颜色也变成红色，字体为"华文楷体"。选择正文第一段的文字，选择"窗口"→"属性"命令打开"属性"面板，单击 HTML 按钮，在"类"右边的下拉列表框中选择 font01，第一段文字即设置成了仿宋蓝色字，如图 6-39 所示。

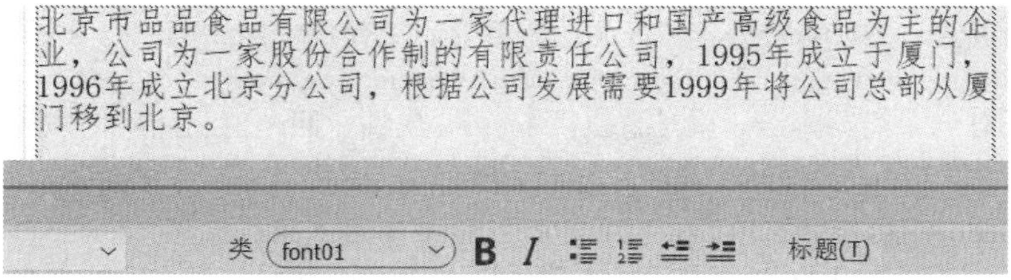

北京市品品食品有限公司为一家代理进口和国产高级食品为主的企业，公司为一家股份合作制的有限责任公司，1995年成立于厦门，1996年成立北京分公司，根据公司发展需要1999年将公司总部从厦门移到北京。
类
font01
B
I
标题(T)

图 6-39　应用.font01 后的文字效果

（9）按照同样的方法设置第二段文字采用.font02 规则，最终网页效果如图 6-40 所示。

PinPn
公司介绍
About us
代理品牌
Products
相关菜谱
Recipes
联系我们
Contact us
公司介绍 | About US
公司简介
软件下载
FTP下载
公司介绍
北京市品品食品有限公司为一家代理进口和国产高级食品为主的企业，公司为一家股份合作制的有限责任公司，1995年成立于厦门，1996年成立北京分公司，根据公司发展需要1999年将公司总部从厦门移到北京。
近年来，公司业务发展迅速，在天津设有办事处，上海、深圳、成都等地设立了关联企业，经销商分布于全国各主要城市。
品牌的推广一直是公司工作的重心，我们精心挑选进口和国产的高品味食品，面向各大超市、商场、批发商、餐厅等提供日常的优质服务，并独自或配合厂家进行产品营销计划的制订和实施。

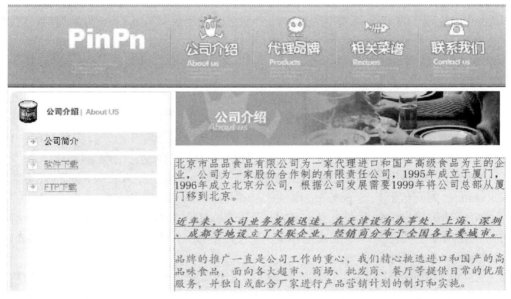

图 6-40　应用了相关规则后的网页效果

6.7　CSS 属性

在“CSS 设计器”面板的“属性”窗格中，可以从布局、文本、背景、边框、更多等几个方面详细定义 CSS 规则，如图 6-41 所示，本节将对不同分类的各项参数进行详细介绍。

+
属性

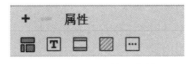

图 6-41　“属性”窗格

6.7.1　布局属性

1. margin 属性

margin 属性分为 margin-top、margin-right、margin-bottom、margin-left 四个属性，分别表示盒子模型四个方向的外边距，它的属性值是数值单位，可以是长度、百分比或 auto，margin

甚至可以设为负值，实现容器与容器之间的重叠显示。使用示例如下：

#div1{margin-top:5px; margin-right:10px; margin-bottom:15px; margin-left:20px;}

margin 还有一个简写方法，就是直接用 margin 属性，四个值之间用空格隔开，顺序是上右下左，如 #div1{margin:5px 10px 15px 20px;}，其作用等同于 #div1{margin-top:5px; margin-right:10px; margin-bottom:15px; margin-left:20px;}。

margin 属性的值也可以不足 4 个，例如#div1{margin:5px}，表示上右下左的外边距都为 5px；#div2{margin:5px 10px;}，表示上下 margin 为 5px，左右 margin 为 10px；#div3{margin:0px 5px 10px}，表示上 margin 为 0px，左右 margin 为 5px，下 margin 为 10px。

2. padding 属性

padding 属性用于描述盒子模型的内容与边框之间的距离，与 margin 属性类似，它也分为上右下左和简写方式 padding，使用示例如下：

#container{padding-top:10px;}

padding 属性与 margin 类似，不再赘述。

3. position 属性

position 属性用于指定元素的位置类型，各个属性值的含义如下：

- absolute：屏幕上的绝对位置。位置将依据浏览器左上角开始计算。绝对定位使元素可以覆盖页面上的其他元素，并可以通过 z-index 来控制它的层级次序。
- relative：屏幕上的相对位置。相对定位时，移动元素会导致它覆盖其他元素。
- static：固有位置，是 position 属性的初始值。

相对定位和绝对定位需要配合 top、right、bottom、left 来指定具体位置。此外，这四个属性同时只能使用相邻的两个，不能既使用 top 又使用 bottom，或者同时使用 left 和 right。

4. float 和 clear 属性

在 CSS 中，任何元素都可以浮动，浮动元素会生成一个块级框，而不论它本身是什么元素。设置元素浮动后应指明一个宽度，否则它会尽可能地窄；当可供浮动的空间小于浮动元素时，它会跑到下一行，直到拥有足够放下它的空间。

float 属性有三个值：left、right、none，用于指定元素将漂浮在其他元素的左方、右方或不浮动。

相反地，clear 属性将禁止元素浮动，其属性值有 left、right、both、none，初始值为 none。

5. overflow 属性

在规定元素的宽度和高度时，如果元素的宽度和高度不足以显示全部内容，就要用到 overflow 属性，overflow 属性值的含义如下：

- visible：增大宽度或高度，以显示所有内容。
- hidden：隐藏超出范围的内容。
- scroll：在元素的右边显示一个滚动条。
- auto：当内容超出元素的宽度或高度时显示滚动条，让高度自适应。

6. z-index 属性

在 CSS 中允许元素重叠显示，这样就有一个显示顺序的问题，z-index 属性用于描述元素的前后位置。z-index 使用整数表示元素的前后位置，数值越大就会显示在相对越靠前的位置，适用于使用 position 属性的元素。z-index 属性的初始值为 auto，可以使用负数。

6.7.2　文本属性

（1）color 属性。用于指定文字的颜色，如 h1{color:#ff0000;}

（2）font-family 属性。用于指定网页中文本的字体，取值可以是多个字体，字体之间用逗号分隔。

（3）font-style 属性。用于设置字体风格，取值可以是 normal（普通）、italic（斜体）、oblique（倾斜）。

（4）font-size 属性。用于设置字体显示的大小。这里的字体大小可以是绝对大小（xx-small、x-small、small、medium、large、x-large、xx-large）、相对大小（larger、smaller）、绝对长度（使用的单位为 pt（磅）和 in（英寸））或百分比，默认值为 medium。

（5）font-variant 属性。用于设置字体变形，取值可以是 normal 和 small-caps。

（6）font-weight 属性。用于设置字体粗细，取值可以是 normal、bold、bolder、lighter、100～900 的整百数等。

（7）line-height 属性。用于设置文本的行高。

（8）text-align 属性。用于设置文本的对齐方式，有左对齐、居中对齐、右对齐等。

（9）text-decoration 属性。用于设置文本的修饰，有 underline（下划线）、overline（上划线）、line-through（删除线）等。

（10）text-indent 属性。用于设置文本首行缩进。

6.7.3　边框属性

border 属性用于描述盒子模型的边框。border 属性包括 border-width、border-color 和 border-style，这些属性下面又有分支，下面分别进行简要介绍。

border-width 属性用于设置边框宽度，分为 border-top-width、border-right-width、border-bottom-width、border-left-width 和 border-width，属性值用长度（thin/medium/thick）或长度单位表示。与 margin 属性类似，border-width 为简写方式，顺序为上右下左，值之间用空格隔开。

border-style 属性用来设置边框样式，属性值为 CSS 规定的关键字，平常看不到 border 是因为其初始值为 none（无边框），除此之外，还有 dotted（点线边框）、dashed（长短线边框）、solid（单实线边框）、double（双线边框）和 groove（雕刻效果）等不同效果的 3D 边框。

border-color 属性用来设置边框颜色，分为 border-top-color、border-right-color、border-bottom-color、border-left-color 和 border-color，属性值为颜色，可以用十六进制表示，也可以用 RGB()表示，border-color 为简写方式，顺序为上右下左，值之间用空格隔开。

如果要同时设置边框的以上三种属性，可以使用简写方式 border，属性值之间用空格隔开，顺序为"边框宽度 边框样式 边框颜色"，例如：

```
#layout{border:2px solid #ff0000;}
```

6.7.4　背景属性

背景分类是用来设置对象的相关背景属性，包括背景颜色、背景图像等。

（1）background 属性：CSS 中的一个综合属性，与字体属性 font 相似，设置所有的背景属性，例如 p {background:#00FF00 url(bgimage.gif) no-repeat fixed top; }。

（2）background-color 属性：设置背景颜色，可以用十六进制表示，也可以用 RGB()表示。

（3）background-image 属性：设置背景图像，使用 url('URL')方式来指定图像文件，URL 表示图像文件的存放路径。

（4）background-position 属性：设置背景图像位置，属性值为 top、bottom、left、right、center，还可以使用数值，如 100px 或 5cm。

（5）background-repeat 属性：设置背景图像如何重复，repeat 表示同时横向、纵向重复，repeat-x 表示横向重复，repeat-y 表示纵向重复，no-repeat 表示不重复。

第 7 章　Div+CSS

Div 结合 CSS 是当前主流的网页设计与布局标准，与表格布局方式相比，它可以实现网页页面内容与格式分离。Div 是 HTML 中的基本元素，表示网页文档中的区块（division），可以将文档分割成独立的区域。Div 标签元素内可包括文本、表格、表单、图像、插件等各种页面内容，甚至在 Div 元素内还可以包含 Div 元素。

- Div 的基本使用方法。
- Div 相关的 CSS 属性。
- Div+CSS 布局网页。

7.1　创建 Div 标签

Dreamweaver 2021 中创建 Div 标签的操作步骤如下：

（1）在"文档"窗口的"设计"视图中，将插入点定位在需要创建 Div 标签的位置。

（2）执行以下操作之一，弹出如图 7-1 所示的"插入 Div"对话框：

- 选择"插入"→Div 命令。
- 在"插入"面板的 HTML 分类列表中单击 Div 按钮。
- 选择"插入"→"HTML"→Div 命令。

图 7-1　"插入 Div"对话框

（3）在"插入 Div"对话框中设置插入点、要应用的类、ID 等。通过"插入"下拉列表选择插入 Div 的具体位置，如果选择在"标签开始之后"或"在标签结束之前"，则还要选择已有的标签名称。类（Class）指定要应用于 Div 标签的类样式，如果附加了外部样式表文件，则该样式表文件中定义的类将出现在列表中供使用。ID 指定用于标识 Div 标签的唯一名称，如果附加了外部样式表文件，则该样式表文件中定义的 ID 将出现在列表中供使用，但列表中不会出现文档中已经使用的 ID。如果需要在此过程中设置针对 Div 的 CSS 样式定义，可以单击"新建 CSS 规则"按钮，弹出如图 7-2 所示的"新建 CSS 规则"对话框，在其中进行样式定义设置。

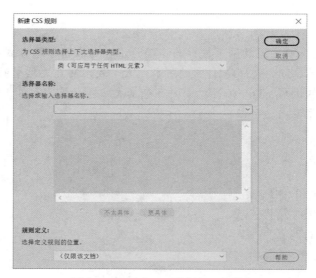

图 7-2　"新建 CSS 规则"对话框

（4）单击"确定"按钮关闭"插入 Div"对话框。

Div 标签以一个虚线框的形式出现在文档中，并带有占位文本，如图 7-3 所示。

图 7-3　创建 Div 标签

7.2　设置 Div 标签

插入 Div 标签之后，就可以在"CSS 设计器"面板中查看和编辑应用于 Div 标签的规则，或者向它添加内容，操作步骤如下：

（1）选择 Div 标签，方法有以下 3 种：

● 　单击 Div 标签的边框。

● 　在 Div 标签内单击，然后从文档窗口底部的标签选择器中选择 Div 标签。

- 在 Div 标签内单击，然后按两次 Ctrl+A 组合键。

（2）在 Div 标签中添加内容。先选中 Div 标签中的占位符文本，然后在它上面输入内容；或者按 Delete 键删除 Div 标签中的占位符文本，然后跟普通页面添加内容一样给 Div 标签添加内容。

（3）打开"CSS 设计器"面板查看规则。选择"窗口"→"CSS 设计器"命令打开"CSS 设计器"面板，应用于 Div 标签的规则显示在面板中，如果没有为当前选中的 Div 标签定义 CSS 规则，则显示为空。

（4）根据需要设置 CSS 规则。例如要把新插入的 Div 标签设置成高 200px、宽 500px，则可以定义如下的规则，并把它应用到 Div 标签：

```
#div1{
    width:500px;
    height:200px;
}
```

7.3　Div+CSS 布局

现在的网页大部分都采用 Div+CSS 来布局页面，这是因为使用 Div+CSS 布局的 HTML 页面可以通过 CSS 在任何网络设备上以任何外观呈现处理，并且 Div+CSS 布局构建的网页代码更加简化，能够加快显示的速度。

Div+CSS，简单地说就是使用块级元素（Div）放置页面内容，然后使用 CSS 规则来指定块级元素的位置、大小和呈现方式等。使用 Div+CSS 制作网页，最重要的是摒弃传统的表格布局观念，在考虑页面的整体表现效果之前，先考虑内容的语义，分析每块内容的目的，并根据这些目的建立相应的 HTML 结构，然后再针对语义和结构添加 CSS 规则。

7.3.1　盒子模型

盒子模型用于 CSS 布局，网页上的每个元素以矩形的形式存在，每个矩形有元素内容（content）、内边距（padding）、边框（border）、外边距（margin）、高度、宽度等基本属性，盒子模型的大小决定它在页面中所占用的空间。各个属性表示的意义与位置关系如图 7-4 所示。

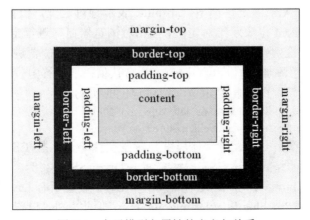

图 7-4　盒子模型各属性的意义与关系

其中，内容 content 表示盒子内的对象，如文字、图像等各种元素；内边距 padding 表示盒子内的对象和盒子边框之间的距离，有上内边距、右内边距、下内边距、左内边距；边框 border 是指盒子的边框线大小，有上边框线、右边框线、下边框线和左边框线；外边距 margin 指盒子与盒子外其他对象的距离，有上外边距、右外边距、下外边距、左外边距。

7.3.2　Div 相关的属性

margin 属性：设置上下左右外边距，例如 div{margin:20px}表示 div 的上下左右外边距均为 20px。也可以分别设置四个边的外边距，顺序是上右下左，例如 div {margin:20px 30px 40px 50px}表示 div 的上右下左外边距分别为 20px、30px、40px、50px。如果参数只有两个，如 div {margin:20px 50px;}，表示 div 的上下外边距为 20px，左右外边距为 50px。

margin-top、margin-bottom、margin-left、margin-right 属性：分别设置上下左右外边距，参数使用数值，单位为 px 或 cm。

padding 属性：设置上下左右内边距，与 margin 属性相似，例如 div{padding:30px}表示 div 的上下左右内边距均为 30px。也可以分别设置四个边的内边距，顺序是上右下左，例如 div{padding:20px 30px 40px 50px }表示 div 的上右下左内边距分别为 20px、30px、40px、50px。如果参数只有两个，如 div{padding:20px 50px;}，表示 div 的上下内边距为 20px，左右内边距为 50px。

padding-top、padding-bottom、padding-left、padding-right 属性：分别设置上下左右内边距，参数使用数值，单位为 px 或 cm。

clear 属性：设置元素的哪一侧不允许有浮动元素，none 表示左右两侧都允许，left 表示左侧不允许，right 表示右侧不允许，both 表示左右两侧都不允许，例如 div{float:left; clear:both;}表示 div 左右两侧都不允许出现浮动元素。

display 属性：设置元素应该生成框的类型，none 表示元素不显示，block 表示元素以块级元素显示（有换行符），inline 为默认值，表示元素显示为内联元素（无换行符），例如：

```
p {display: inline}
li {display:none}
div {display: block}
```

float 属性：设定框是否浮动，left 表示向左浮动，right 表示向右浮动，none 表示不浮动。

position 属性：设置元素的定位类型，absolute 表示绝对定位，位置通过 left、top、right、bottom 属性进行设置；fixed 也表示绝对定位，但相对浏览器窗口进行定位，位置通过 left、top、right、bottom 属性进行设置；relative 表示相对定位，相对正常位置进行定位，例如 left:20px 表示将向元素的 left 位置添加 20 像素点；static 为默认值，不进行定位，忽略 top、left、right、bottom、z-index 等属性。下面是相对定位与绝对定位的实例：

```
#position_absolute { position: absolute; left: 20px; top: 20px;}
#position_relative { position: relative; left: 40px; top: 40px;}
```

Div 标签还可以设置边框属性、字体属性、背景属性等，这些 CSS 属性在上一章已经进行讨论，不再赘述。下面结合上述 CSS 属性来演示 Div+CSS 的实例。

【例 7.1】打开 7-1.html 网页，在其中插入两个 Div，设置所有 Div 的属性为 width:150px;height:150px;border:solid 2px blue;float:left;margin:4px;，除此之外，设置左边 Div 的背景属性为绿色，右边 Div 的背景属性为红色，效果如图 7-5 所示。

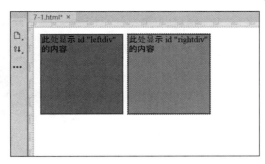

图 7-5 例 7.1 的效果

操作步骤如下：

（1）在 Dreamweaver 2021 中打开 7-1.html 网页。

（2）选择"窗口"→"CSS 设计器"命令打开"CSS 设计器"面板。

（3）在其中单击"添加 CSS 源"按钮，在下拉列表中选择"在页面中定义"选项，单击"添加选择器"按钮，输入选择器名称 Div；设置 Div 属性为 width:150px; height:150px; border:solid 2px blue;float:left;margin:4px。

（4）选择"插入"→Div 命令，弹出"插入 Div"对话框，在 ID 组合框中输入 leftdiv，如图 7-6 所示。

（5）单击"新建 CSS 规则"按钮，弹出"新建 CSS 规则"对话框，如图 7-7 所示，单击"确定"按钮。

图 7-6 "插入 Div"对话框

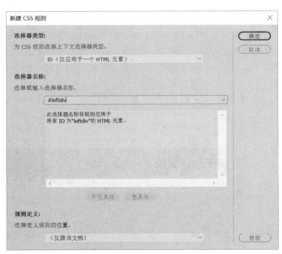

图 7-7 "新建 CSS 规则"对话框

（6）弹出"#leftdiv 的 CSS 规则定义"对话框，在其中选择"背景"分类，设置 background-color 为 green 或#00FF00，如图 7-8 所示。

（7）单击"确定"按钮回到"插入 Div"对话框，单击"确定"按钮即可把 Div 插入到页面中，如图 7-9 所示。

（8）依照以上步骤插入第二个 Div，最终效果如图 7-5 所示。可以看到，两个 Div 的大小、边框线和外边距是一样的，但是背景颜色不同。

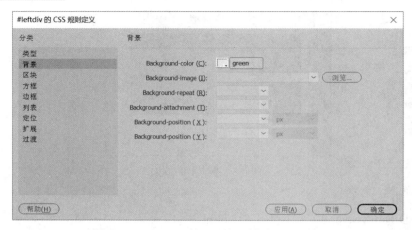

图 7-8　"#leftdiv 的 CSS 规则定义"对话框

图 7-9　插入第一个 Div 的效果

【例 7.2】打开 7-2.html 网页，利用 Div+CSS 布局方法制作如图 7-10 所示的页面布局效果。

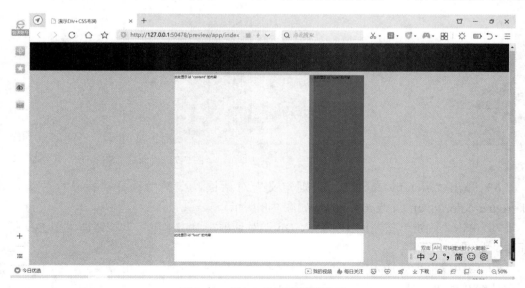

图 7-10　例 7.2 的网页预览效果

操作步骤如下：

（1）在 Dreamweaver 2021 中打开 7-2.html 网页。

（2）选择"窗口"→"CSS 设计器"命令，打开"CSS 设计器"面板。

（3）在其中单击"添加 CSS 源"按钮，在下拉列表中选择"在页面中定义"选项，单击"添加选择器"按钮，输入选择器名称*，设置*的属性为 margin:0px;padding:0px;，单击"添加选择器"按钮，输入选择器名称为 body；设置 body 的属性为 background-color:#CCC，单击"添加选择器"按钮，输入选择器名称.clear，设置.clear 的属性为 clear:both。

（4）选择"插入"→Div 命令，弹出"插入 Div"对话框，在 ID 组合框中输入 head，如图 7-11 所示。

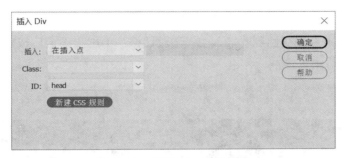

图 7-11　"插入 Div"对话框

（5）单击"新建 CSS 规则"按钮，弹出"新建 CSS 规则"对话框，如图 7-12 所示，单击"确定"按钮。

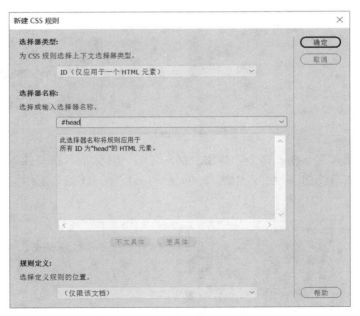

图 7-12　"新建 CSS 规则"对话框

（6）弹出"#head 的 CSS 规则定义"对话框，在其中选择"背景"分类，设置属性 background-color:blue;，选择"方框"分类，设置属性 height:150px;，如图 7-13 所示。

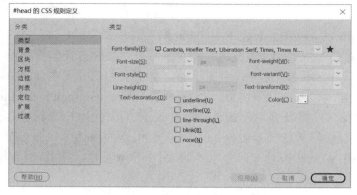

图 7-13　"#head 的 CSS 规则定义"对话框

（7）单击"确定"按钮回到"插入 Div"对话框，单击"确定"按钮即可把 Div 插入到页面中，如图 7-14 所示。

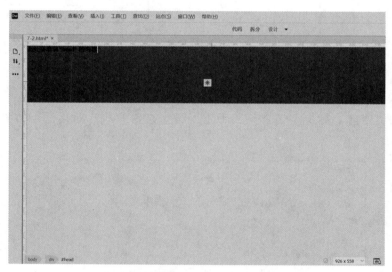

图 7-14　插入 head 后的效果

（8）选择"插入"→Div 命令，弹出"插入 Div"对话框，在"插入"下拉列表框中选择"在标签后"，在右侧的下拉列表中选择 div id=head，在 ID 组合框中输入 container，如图 7-15 所示。

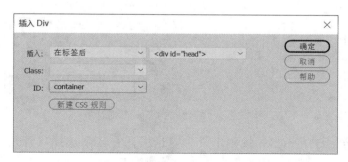

图 7-15　"插入 Div"对话框

（9）单击"新建 CSS 规则"按钮，弹出"新建 CSS 规则"对话框，单击"确定"按钮。

（10）在弹出的"#container 的 CSS 规则定义"对话框中，选择"背景"分类，设置属性 background-color:red;，选择"方框"分类，设置属性 width:960px; height:800px;，取消勾选 margin 中的"全部相同"复选项，设置 margin-top 和 margin-bottom 为 20px，margin-right 和 margin-left 为 auto。

（11）单击"确定"按钮回到"插入 Div"对话框，单击"确定"按钮即可把 container 插入到 head 下方，效果如图 7-16 所示。

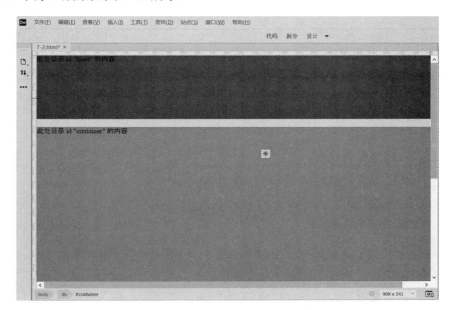

图 7-16　插入 container Div 后的效果

（12）按照上述方法依次插入其他 Div，注意设置好插入 Div 的位置。

第8章　模板和库的使用

Dreamweaver 中的模板和库可以帮助您使用一致的设计创建 Web 页面，同时省时省力地创建网站中多个风格一致的页面；使用模板和库也使站点的维护变得更加容易，您可以在短短的几秒钟内重新设计您的站点并且修改成百上千的页面。

- 掌握模板的创建和使用。
- 了解库和库文件的使用。

8.1　模板

在制作网站时，通常会根据网站的需要设计出风格一致、功能相似的页面，在其中使用相同的布局、图片和文字元素，如果逐一创建和修改，既费时又费力，效率低下。为了避免大量的重复劳动，可以使用 Dreamweaver 2021 提供的模板功能，将具有相同结构的页面制作成模板，通过模板批量制作页面，不仅可以大大提高工作效率，还能为后期的网站维护提供方便，同时也使整个网站具有统一的结构和外观。

8.1.1　创建模板

创建模板的方法有两种：从新建的空白 HTML 文档中创建模板；把现有的 HTML 文档存储为模板，通过适当的修改使之符合要求。

1．在空白文档中创建模板

利用 Dreamweaver 2021 的"新建"功能可以直接创建模板，操作步骤如下：

（1）选择"文件"→"新建"命令，弹出"新建文档"对话框，在其中选择"新建文档"选项，在"文档类型"列表框中选择"HTML 模板"选项，在"布局"列表框中选择"<无>"选项，如图 8-1 所示。

（2）单击"创建"按钮即可创建一个空白的模板文档，如图 8-2 所示。

（3）选择"文件"→"保存"命令，弹出"此模板不含有任何可编辑区域"警告对话框（如图 8-3 所示），单击"确定"按钮，弹出"另存模板"对话框（如图 8-4 所示），在其中选择保存的"站点"，设置保存的模板名字，单击"确定"按钮即可把模板保存到相应的站点中。注意，创建的空白模板暂时没有可编辑区域，如果想设置文档的某些区域为可编辑区域，则在选定区域后选择"插入"→"模板"→"可编辑区域"命令。

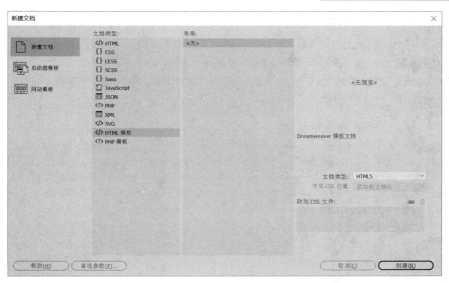

图 8-1　"新建文档"对话框

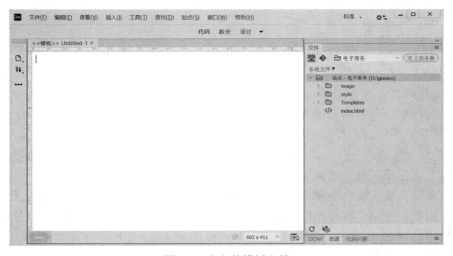

图 8-2　空白的模板文档

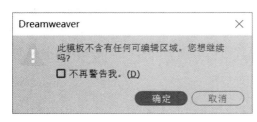

图 8-3　警告对话框

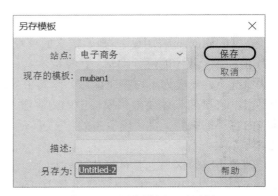

图 8-4　"另存模板"对话框

也可以利用"资源"面板来创建模板，操作步骤如下：

（1）选择"窗口"→"资源"命令，打开"资源"面板，在其中单击"模板"按钮，"资源"面板将显示网站的所有已有模板，如图8-5所示。

（2）单击"资源"面板右下角的"新建模板"按钮，或者在"资源"面板的列表中右击，在弹出的快捷菜单中选择"新建模板"选项（如图8-6所示），一个新的模板就被添加到模板列表中了，可以修改模板的名称。

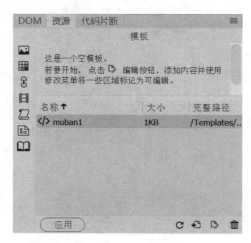

图8-5　"资源"面板　　　　　图8-6　在"资源"面板中通过右键新建模板

2．将普通网页另存为模板

我们也可以把普通的网页保存为模板加以应用，操作步骤如下：

（1）打开一个已经制作好的网页。

（2）选择"文件"→"另存为模板"命令，弹出"另存模板"对话框，设置相应参数后单击"保存"按钮即可将当前网页转换成模板。

创建模板后，系统会自动在本地站点目录中添加一个名为Templates的新目录，然后将模板文件保存到此目录中。需要注意的是，不要将模板移动到Templates文件夹之外或者将任何非模板文件移动到Templates文件夹中，也不要将Templates文件夹移动到本地站点根文件夹外，否则会引起模板路径错误。

8.1.2　创建模板的可编辑区域

在Dreamweaver中，一开始定义的模板是不可编辑的，需要在制作模板时将某些区域设置为可编辑区域才能进行编辑。在模板中有两种类型的区域：可编辑区域和不可编辑区域。在默认情况下，模板为不可编辑区域，即其中的内容均标记为不可编辑。在创建模板之后，用户需要根据自己的具体要求对模板中的内容进行编辑，即指定哪些内容可以编辑（即可以更改），哪些内容不能编辑。要让模板生效，它应该至少包含一个可编辑区域，否则该模板的页面将无法编辑。

创建可编辑区域的具体操作步骤如下：

（1）在文档窗口中，选择要设置为可编辑区域的部分，再选择"插入"→"模板"→"可编辑区域"命令，如图8-7所示。

图 8-7　插入可编辑区域

（2）弹出"新建可编辑区域"对话框（如图 8-8 所示），在"名称"文本框中输入相应的名称，单击"确定"按钮即可插入可编辑区域。在模板中，可编辑区域会被突出显示，如图 8-9 所示。选择"文件"→"保存"把模板保存下来。

图 8-8　"新建可编辑区域"对话框　　　　　　　　图 8-9　可编辑区域

选定可编辑区域，可在"属性"面板中对可编辑区域进行重新命名，如图 8-10 所示。

图 8-10　可编辑区域的"属性"面板

创建可编辑区域后，如果需要删除，可先单击文档中可编辑区域左上角的名称，选定可编辑区域，再按 Delete 键。也可以选择"工具"→"模板"→"删除模板标记"命令，如图8-11 所示。

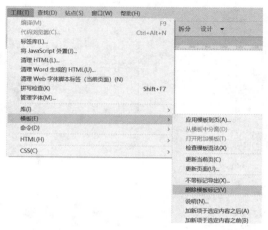

图 8-11　通过"工具"菜单删除可编辑区域

8.1.3　应用模板

创建并设置模板后，即可应用模板快速批量地做出同一风格的页面。应用模板制作网页有两种方法，一种是从模板新建一个网页，另一种是将模板应用到已存在的网页中。

1. 从模板新建一个网页

通过模板新建网页的操作步骤如下：

（1）选择"文件"→"新建"命令。

（2）弹出"新建文档"对话框，在其中选择"网站模板"选项，在"站点"列表框中选择模板所在的站点，该站点中的所有模板会显示在"站点的模板"列表框中，如图 8-12 所示，选择创建网页文档的模板。

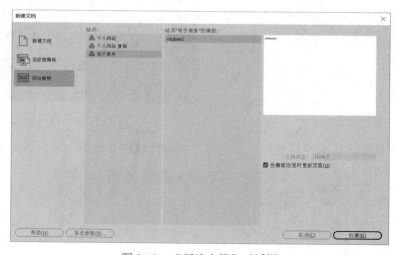

图 8-12　"新建文档"对话框

（3）单击"创建"按钮即可创建一个应用此模板的页面。在此页面中，只有模板的可编辑区域是可以进行编辑的，可编辑区域之外的区域均被锁定。在可编辑区域输入内容后，保存网页即可。

2. 将模板应用到已存在的网页中

将模板直接应用于已经存在的某个网页文档中，操作步骤如下：

（1）打开网页文档。

（2）选择"窗口"→"资源"命令打开"资源"面板，其中单击"模板"按钮，"资源"面板将变成模板样式。

（3）在其中选择要应用的模板文件，然后单击左下角的"应用"按钮，如图 8-13 所示。如果网页文档是空白文档，则可将模板应用到网页中；如果网页原来已经包含有内容，当单击"应用"按钮时将会弹出"不一致的区域名称"对话框，如图 8-14 所示。在"将内容移到新区域"下拉列表框中选择文档所插入的位置，单击"确定"按钮。在应用模板的网页中，只有模板的可编辑区域是可以进行编辑的，可编辑区域之外的区域均被锁定。在可编辑区域输入内容后保存网页即可。

图 8-13　模板中的"应用"按钮

图 8-14　"不一致的区域名称"对话框

也可以选择"工具"→"模板"→"应用模板到页"命令，在弹出的"选择模板"对话框（如图 8-15 所示）中选择需要应用的模板，然后单击"选定"按钮将模板应用到网页。

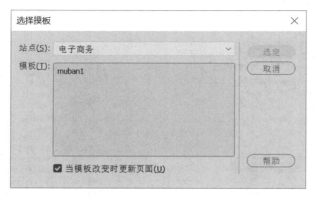

图 8-15　"选择模板"对话框

3. 页面与模板分离

使用了模板的网页文档总会受到模板的限制，这样对网页的制作会产生一定的影响。如果能让网页与模板脱离，用户不仅可以任意修改可编辑区域的内容，也可以修改不可编辑区域的内容。如果想让使用了模板的网页文档脱离模板的控制，可按以下方法操作：

（1）打开应用了模板的文档。

（2）选择"工具"→"模板"→"从模板中分离"命令，如图 8-16 所示，即可将当前文档与模板分离。

图 8-16   "从模板中分离"命令

（3）此时文档中的不可编辑区域将自动变为可编辑区域。模板文档实际上已经变为普通文档，用户可以对文档的任何部分进行编辑。

8.1.4　管理模板

在 Dreamweaver 中，可以对模板进行重命名、删除等操作。

1. 重命名模板

对模板文件进行重命名操作的方法有以下 3 种：

（1）在"资源"面板的"模板"列表框中，单击要重新命名的模板项名称，使其呈反白显示，处于可编辑状态，然后输入新的模板名。

（2）单击"资源"面板右上角的下拉按钮，在下拉列表中选择"重命名"选项，如图 8-17 所示。

（3）在"资源"面板中选择要重新命名的模板名称并右击，在弹出的快捷菜单中选择"重命名"选项，如图 8-18 所示。

图 8-17　重命名模板方法 2

图 8-18　重命名模板方法 3

2. 删除模板

删除模板的方法有以下 3 种：

（1）在模板列表框中单击要删除的模板项，再单击面板右上角的下拉按钮，在下拉列表中选择"删除"选项。

（2）在模板列表框中选择要删除的模板项并右击，在弹出的快捷菜单中选择"删除"选项。

（3）在模板列表框中选择要删除的模板项，再单击面板右下角的"删除"按钮。

8.2　库

库是一种特殊的 Dreamweaver 文件，其中包含已经创建以便放在网页上的单独 "资源"的集合，库中的这些资源被称为库项目。库项目是可以在多个页面中重复使用的存储页面的对象元素，如版权声明、邮箱、地址、电话等，每当更改某个库项目的内容时都可以同时更新所有使用了该项目的页面。因此，模板和库都是为了提高工作效率而存在的，应用模板是为了避免重复创建网页的框架，而应用库项目是为了避免重复输入网页中的内容。

8.2.1　创建库项目

在 Dreamweaver 中，可以将文档中的任意内容存储为库项目，在网页中定义了库项目后，它就可以在其他网页的任意位置被调用。创建库项目的具体步骤如下：

（1）在网页中选定要创建成库项目的元素。

（2）选择"工具"→"库"→"增加对象到库"命令（如图 8-19 所示）；或者在"资源"面板中单击"库"按钮打开设置库属性的界面，单击"新建库项目"按钮，即可在"库"面板中新建库项目。

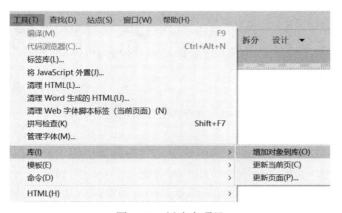

图 8-19　新建库项目

（3）在"名称"列下输入库项目的名称，按 Enter 键。

8.2.2　编辑库项目

创建库项目后，可以对库项目进行更新、重命名、删除等操作。

1. 更新库项目

更新库项目的操作步骤如下：

（1）选择"工具"→"库"→"更新页面"命令。

（2）弹出"更新页面"对话框，如图 8-20 所示，在"查看"下拉列表框中选择需要的选项，勾选"库项目"复选项可以更新站点中所有的库项目，勾选"模板"复选项可以更新站点中所有的模板。

图 8-20　"更新页面"对话框

（3）设置完成后，单击"开始"按钮即可更新库项目。

2. 重命名库项目

重命名库项目的操作步骤如下：

（1）在"库"面板中选择要重命名的库项目。

（2）执行以下操作之一，输入新名称即可重命名库项目：

- 单击库项目的名称，名称呈反白显示，处于可编辑状态。
- 右击，在弹出的快捷菜单中选择"重命名"选项。
- 单击"库"面板右上角的下拉按钮，在下拉列表选择"重命名"选项。

3. 删除库项目

删除库项目的操作步骤如下：

（1）在"库"面板中选择要删除的库项目。

（2）单击面板右下角的"删除"按钮；或者右击，在弹出的快捷菜单中选择"删除"选项；也可以单击"库"面板右上角的下拉按钮，在下拉列表选择"删除"选项。

8.2.3　应用库项目

创建好库项目后，即可在网页制作过程中进行应用。

应用库项目的操作步骤如下：

（1）打开一个网页，在"资源"面板的"库"中选择要应用的库项目。

（2）单击面板左下角的"插入"按钮，即可将库项目应用到网页上。

有时候为了方便对库元素进行编辑，需要将应用的库项目从库中脱离，可以通过"属性"面板中的"从源文件分离"按钮（如图 8-21 所示）将库元素与库脱离，并且可以在文档中对库元素进行修改。

图 8-21　库项目的"属性"面板

8.3 实例——制作学校网站模板

打开 8-1.html 网页文档，把网页另存为以 muban.dwt 命名的模板，设置主体区中间列部分为可编辑区域，效果如图 8-22 所示，并利用该模板生成网站中的所有栏目网页，每个网页文档的内容区（可编辑区域）中只需要输入栏目名即可。

图 8-22 学校网站模板效果

具体操作步骤如下：

（1）打开 8-1.html 文档，选择"文件"→"另存为模板"命令，弹出"另存模板"对话框，如图 8-23 所示，输入模板名称 muban，单击"保存"按钮。

图 8-23 "另存模板"对话框

（2）新建 9 个空白网页文档：sy.html、xygk.html、zyjx.html、dwjx.html、jyky.html、djgz.html、txgz.html、zsjy.html、crjy.html。选定 muban.dwt 中导航栏的"首页"图像，设置链

接到 sy.html，并逐个将其他图像链接到相应的网页文件。选定 muban.dwt 中主体区中间列中的表格，选择"插入"→"模板"→"可编辑区域"命令，弹出"新建可编辑区域"对话框，输入名称后单击"确定"按钮，中间列区域即被设置为可编辑区域，当模板应用到网页时这部分可进行修改。

（3）打开 sy.html 文档，选择"窗口"→"资源"命令打开"资源"面板，单击"模板"按钮，"资源"面板中即显示站点中所有的模板，如图 8-24 所示。选定列表中的 muban，单击"应用"按钮，模板即应用到网页 sy.html 中，修改栏目名，保存网页。采用同样的方法把模板应用到 xygk.html、zyjx.html、dwjx.html、jyky.html、djgz.html、txgz.html、zsjy.html、crjy.html 页面文档中并修改对应的栏目名，如 xygk.html 网页的名称为"学院概况"，最后保存所有网页。

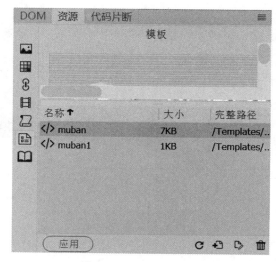

图 8-24　站点中的模板

第 9 章　表单的应用

不管是动态网站还是其他 B/S 结构的系统都离不开表单，表单是用户和 Web 数据库、Web 应用程序等进行交互的界面，可以用来收集用户的各种信息。在网页中，通过表单可以进行用户调查或民意测验，也可以用来显示注册或订购信息。

- 认识表单和表单控件。
- 掌握如何插入各种表单控件。

9.1　认识表单

9.1.1　表单的概念

不管是动态网站还是其他 B/S 结构的系统都离不开表单，表单是客户端向服务器提交数据的载体，担当着相当重要的角色。表单是用户和 Web 数据库、Web 应用程序等进行交互的界面。在网页中，通过表单可以进行用户调查或民意测验，也可以用来显示注册或订购信息。

表单一般由两部分组成：HTML 代码和程序。其中 HTML 代码主要用来生成表单的可视化界面，程序主要用来负责对表单所包含的信息进行解释或处理，把数据提交到数据库，再从数据库把数据读取出来。

表单是网页的一部分，如同 HTML 表格。所有的表单元素都包含在<form>和</form>标记中，表单与表格的不同之处是：在页面中可以插入多个表单，但不能像表格嵌套一样嵌套表单，表单是无法嵌套的。

9.1.2　表单对象的概念

每个表单都是由一个表单域和若干个表单元素组成的，较常见的表单元素有文本域、单选按钮、复选框、列表和菜单、按钮、隐藏域、文件域等。

1. 文本域

文本域是一种让访问者自己输入内容的表单对象，通常被用来填写单个字或者简短的回答，如姓名、地址等。

2. 单选按钮

当需要访问者在若干个给定的待选项中选择唯一的答案时，就需要用到单选按钮，比如问卷调查中的单选题等。

3. 复选框

复选框允许用户从若干给定的选择中选取一个以上选项。每个复选框都是一个独立的元素，都必须有一个唯一的名称。

4. 列表和菜单

菜单指浏览者单击时产生展开效果的下拉式菜单，在菜单中选择相应菜单项；而列表则显示为一个列有项目的可滚动列表，使浏览者可以从该列表中选择项目。

5. 按钮

按钮能够控制对表单内容的操作，如"提交"或"重置"。使用"提交"按钮可将表单内容发送到远端服务器上；使用"重置"按钮可将现有的表单内容重置为默认值。

6. 隐藏域

隐藏域是用来收集或发送信息的不可见元素，对于网页的访问者来说，隐藏域是看不见的。当表单被提交时，隐藏域就会将信息用你设置时定义的名称和值发送到服务器上。

7. 文件域

有时候，需要用户上传自己的文件，文件上传框看上去和其他文本域差不多，只是它还包含了一个"浏览"按钮。访问者可以通过输入需要上传的文件的路径或者单击"浏览"按钮来选择需要上传的文件。

9.2　创建表单

所有的表单元素必须置于表单域中才能起作用，因此制作表单页面的第一步是插入表单域。

9.2.1　插入表单域

插入表单域可以通过"插入"→"表单"→"表单"命令来实现，也可以通过"插入"面板的"表单"组实现，具体步骤如下：

（1）将光标置于需要插入表单的位置。

（2）选择"插入"→"表单"→"表单"命令，如图 9-1 所示；或者单击"插入"面板"表单"组中的"表单命令"按钮，如图 9-2 所示。网页文档中插入的表单域周围会出现红色的虚线框。

（3）保存文档。

图 9-1　通过菜单插入表单域

图 9-2　通过面板插入表单域

9.2.2 设置表单属性

当表单域插入到网页中后,"属性"面板即变成表单的相关属性,如图 9-3 所示。也可以单击红色虚线框选定表单,再通过"属性"面板对表单的相关属性进行修改。

图 9-3　表单的"属性"面板

对"属性"面板中的各属性设置说明如下:

- ID:表单名称,可以在文本框中输入一个唯一名称来标识表单。若不命名表单,Dreamweaver 会自动生成名称 form1、form2 等。
- Action:动作,指定处理该表单的动态页面或脚本的路径,可以在文本框中输入,也可以单击右边的"浏览文件夹"按钮来定位到包含该脚本或应用程序页的文件夹。
- Method:方法,选择将表单数据传输到服务器的方法,有 3 个选项:默认、GET、POST。"默认"选项是指使用浏览器的默认设置将表单数据发送到服务器。GET 选项是指将值追加到请求该页的 URL 中。POST 选项是指在 HTTP 请求中嵌入表单数据。
- Enctype:规定在发送到服务器之前应该如何对表单数据进行编码。默认情况下,表单数据会编码为 application/x-www-form-urlencoded。也就是说,在发送到服务器之前,所有字符都会进行编码(空格转换为"+",特殊符号转换为 ASCII HEX 值)。
- Target:目标,该下拉列表框用来设置表单被处理后反馈网页打开的方式,有_blank、_parent、_self、_top 四个选项,默认是在原窗口中打开。
- Accept Charset:规定服务器处理表单数据所接受的字符集。尽量避免使用,应该在服务器端验证文件上传。

9.3　插入表单对象

插入表单对象的操作与插入表单域类似,都是通过"插入"→"表单"命令或者"插入"面板实现。

9.3.1 插入文本域

文本域可分为单行文本域、文本区域和密码域三种。

1. 单行文本域

单行文本域通常提供单字或短语响应,如姓名或地址等。选择"插入"→"表单"→"文本域"命令,或者在"插入"面板的"表单"组中单击"文本"按钮,即可插入单行文本域,效果如图 9-4 所示。

图 9-4　单行文本域效果

如果需要对文本域进行设置，可以通过下方的"属性"面板进行，如图 9-5 所示。Name 文本框为该文本域指定一个名称，每个文本域都必须有一个唯一的名称，即所选名称必须在表单内唯一标识该文本域。Size 文本框用来设置文本域中最多可显示的字符数。Max Length 文本框用来设置文本域中最多可输入的字符数，如果将该文本框保留为空白，表示可以输入任意数量的文本。Value 文本框可以指定文本域的初始值。

图 9-5　文本域的"属性"面板

2. 文本区域

文本区域可以输入多行文本，一般应用于需要输入大量文字的地方，如留言板等。选择"插入"→"表单"→"文本区域"命令，或者在"插入"面板的"表单"组中单击"文本区域"按钮，即可插入文本区域，效果如图 9-6 所示。

图 9-6　文本区域效果

文本区域为访问者提供了一个较大的输入区域。还可以指定访问者最多可输入的行数及对象的字符宽度。设置文本区域的相关属性可在"属性"面板中进行，如图 9-7 所示。Name 文本框为该文本区域指定一个名称，每个文本区域都必须有一个唯一的名称，即所选名称必须在表单内唯一标识该文本区域。Rows 文本框设置该文本区域显示的行数。Cols 文本框设置每行可输入的字符宽度。Value 文本框设置该文本区域的初始值。

图 9-7　文本区域的"属性"面板

3. 密码域

密码域是特殊类型的文本域，当用户在密码域中输入文本信息时，所输入的文字不会直接显示，而是以星号或项目符号代替，以防止这些保密信息被别人看到。

选择"插入"→"表单"→"密码"命令，或者在"插入"面板的"表单"组中单击"密码"按钮，即可插入密码域，效果如图 9-8 所示，看起来与单行文本域差不多，但预览后在其中输入文字不会直接显示，如图 9-9 所示。

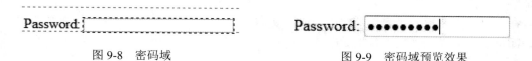

图 9-8　密码域　　　　　　　　　　　　　　　　图 9-9　密码域预览效果

9.3.2　插入复选框或复选框组

复选框允许在一组选项中选择一个或多个选项。选择"插入"→"表单"→"复选框"命令，或者在"插入"面板的"表单"组中单击"复选框"按钮，即可插入复选框，如图 9-10 所示为插入多个复选框。若要为复选框添加标签，直接修改 Checkbox 为标签名即可。选定复选框，可在下方的"属性"面板中对其属性进行设置，如图 9-11 所示。

图 9-10　复选框

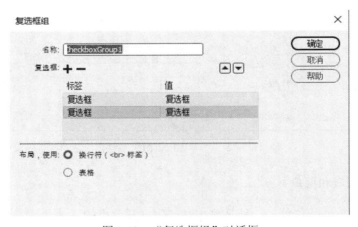

图 9-11　复选框的"属性"面板

当插入多个复选框时，若使用"复选框"命令，只能一个一个插入，而复选框组一次能输入所有的选项，非常方便。选择"插入"→"表单"→"复选框组"命令，或者在"插入"面板的"表单"组中单击"复选框组"按钮，弹出"复选框组"对话框，如图 9-12 所示，默认有两个复选框选项，可以单击➕按钮添加选项，单击➖按钮删除选项。通过单击"向上"按钮▲和"向下"按钮▼可以对复选框选项重新排序。

图 9-12　"复选框组"对话框

9.3.3　插入单选按钮

如果在一组选项只能选择其中一个，则需要使用单选按钮或单选按钮组。选择"插入"→"表单"→"单选按钮"命令，或者在"插入"面板的"表单"组中单击"单选按钮"按钮，即可插入单选按钮，如图 9-13 所示为插入多个单选按钮。若要为单选按钮添加标签，直接修改 Radio Button 为标签名即可。选定单选按钮，可在下方的"属性"面板中对其属性进行设置，如图 9-14 所示。如果要把多个单选按钮归为同一个组，则只需设置 Name 属性为同一名字，如图 9-13 中的 3 个单选按钮可设置 Name 为同一名字 radio，这样这 3 个选项就只能在其中选择一个，如果不设置为同一个名字的话，则这 3 个选项可以同时选上。

图 9-13　单选按钮

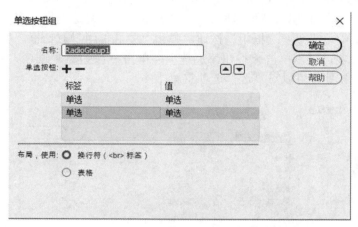

图 9-14　单选按钮的"属性"面板

Dreamweaver 中也经常采用单选按钮组来制作单选效果。选择"插入"→"表单"→"单选按钮组"命令，或者在"插入"面板的"表单"组中单击"单选按钮组"按钮，弹出"单选按钮组"对话框，如图 9-15 所示，默认有两个单选按钮选项，可以单击 ✚ 按钮添加选项，单击 ━ 按钮删除选项。通过单击"向上"按钮 ▲ 和"向下"按钮 ▼ 可以对单选按钮选项重新排序。

图 9-15　"单选按钮组"对话框

9.3.4　插入列表和菜单

表单中有两种类型的菜单：一种是单击时产生展开效果的下拉菜单，如图 9-16 所示；另一种是列有项目的可滚动列表，浏览者可以从该列表中选择项目，称为滚动列表。

图 9-16　下拉菜单

选择"插入"→"表单"→"选择"命令，或者在"插入"面板的"表单"组中单击"选择"按钮即可插入列表或菜单。选中"选择"框，通过"属性"面板可以对其属性进行设置，如图 9-17 所示。Name 属性是给该选择指定一个唯一的名字；Size 属性如果不设置或设置为 1，则表明这是下拉菜单，如果设置为 2 或以上的数字，则以列表的形式展示选项，可通过拉动滚动条来查看所有选项。

图 9-17　选择的"属性"面板

单击"列表值"按钮，弹出"列表值"对话框，如图 9-18 所示，输入项目名和值，可以单击"添加"按钮和"删除"按钮对项目进行添加和删除，完成后单击"确定"按钮，所有项目都添加到该选择框中，并在 Selected 右边的文本框中显示。通过 Selected 可以设置网页浏览时该选择框的默认值。

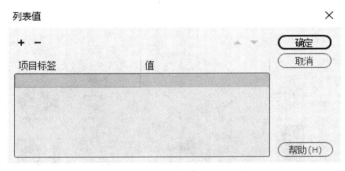

图 9-18　"列表值"对话框

9.3.5　插入按钮和图像按钮

按钮对于表单来说是必不可少的，用户对表单进行的操作一定要通过单击"提交"按钮才能反馈到服务器中。选择"插入"→"表单"→"提交按钮"命令，或者在"插入"面板的"表单"组中单击"提交按钮"按钮，即可插入"提交"按钮。如果用户需要对表单已进行的操作进行清空，则可以选择"重置"按钮，操作方法类似于"提交"按钮。插入后的"提交"按钮和"重置"按钮效果如图 9-19 所示。

提交　重置

图 9-19　"提交"按钮和"重置"按钮

选中"提交"按钮，在下方的"属性"面板中可以设置按钮名称、执行动作、执行内容、值和"类"等属性，如图 9-20 所示；选中"重置"按钮，在下方的"属性"面板中可以设置按钮名称、类、值和元素说明等属性，如图 9-21 所示。

图 9-20　提交按钮的"属性"面板

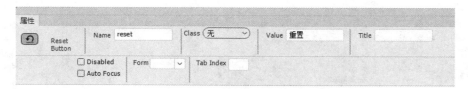

图 9-21　"重置"按钮的"属性"面板

可以使用图像作为按钮图标，但图像按钮的默认功能是提交表单，如果使用图像按钮实现其他的任务，则需要将某种行为附加到表单对象上。选择"插入"→"表单"→"图像按钮"命令，或者在"插入"面板的"表单"组中单击"图像按钮"按钮，弹出"选择图像源文件"对话框，如图 9-22 所示，在其中选定图像后单击"确定"按钮即可插入图像按钮。选中图像按钮，在下方的"属性"面板中可以设置图像按钮的相关属性，如图 9-23 所示。

图 9-22　"选择图像源文件"对话框

图 9-23　图像按钮的"属性"面板

9.3.6　插入隐藏域和文件域

隐藏域在页面中对于用户来说是不可见的，在表单中插入隐藏域的目的在于收集或发送信息，以利于被处理表单的程序所使用。浏览者单击"发送"按钮发送表单的时候，隐藏域的信息也被一起发送到服务器。

选择"插入"→"表单"→"隐藏"命令，或者在"插入"面板的"表单"组中单击"隐藏"按钮，在文档中会出现隐藏的标记，如图 9-24 所示。选定隐藏域，在下方的"属性"面板中可以指定隐藏域的名称和值，如图 9-25 所示。

图 9-24 隐藏域标记

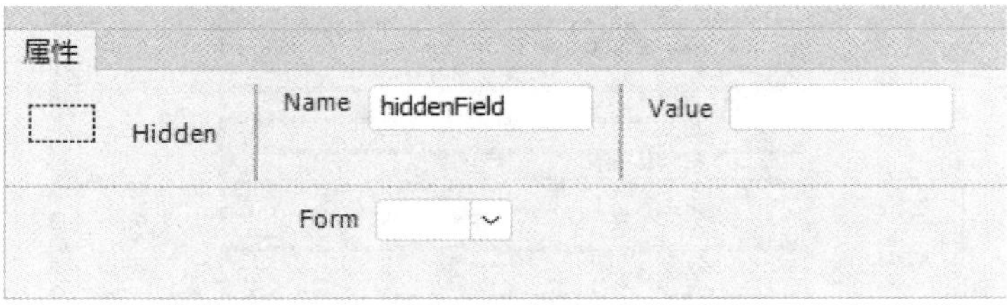

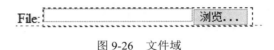

图 9-25 隐藏域的"属性"面板

文件域用于查找本地文件，然后通过表单将选择的文件上传。在添加电子邮件附件、上传图片、发送文件时，经常会用到文件域。选择"插入"→"表单"→"文件"命令，或者在"插入"面板的"表单"组中单击"文件"按钮，即可插入文件域，如图 9-26 所示。选定文件域，在下方的"属性"面板中可以设置文件域的相关属性，如图 9-27 所示。

图 9-26 文件域

图 9-27 文件域的"属性"面板

9.3.7 插入 HTML5 表单元素

在 Dreamweaver 2021 中为了能够对 HTML5 提供更好的支持和更便捷的操作，新增了许多 HTML5 表单输入类型，这些 HTML5 表单输入类型位于"插入"面板的"表单"组中，有"数字""范围""颜色""月""周""日期""时间""日期时间"和"日期时间（当地）"。单击相应的按钮，即可在页面中插入相应的 HTML5 表单输入类型。

9.4 实例——制作在线调查表

打开 9-1.html 文档，制作一个在线调查表，效果如图 9-28 所示。
具体操作步骤如下：
（1）在 Dreamweaver 2021 中打开 9-1.html 文档。
（2）将光标置于文字下方一行，选择"插入"→"表单"→"表单"命令插入一个表单。

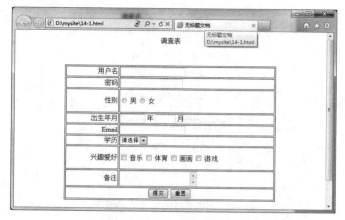

图 9-28　在线调查表预览效果

（3）将光标置于红色虚线框内，单击"插入"面板 HTML 组中的 Table 按钮，弹出 Table 对话框，设置行数为 9，列数为 2，表格宽度为 500 像素，如图 9-29 所示，单击"确定"按钮在表单中插入表格。设置表格居中对齐，调整表格各列的宽度和位置，效果如图 9-30 所示。

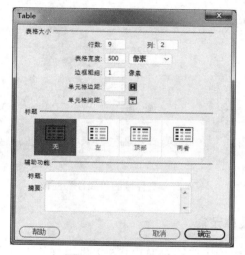

图 9-29　Table 对话框

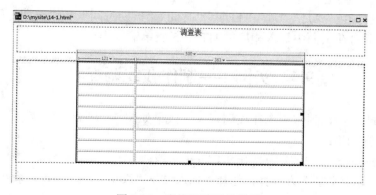

图 9-30　表格调整后的效果

（4）在第一列单元格中输入相应的文字，然后设置文字水平对齐方式为"右对齐"。

（5）将光标置于第 1 行第 2 列的单元格中，选择"插入"→"表单"→"文本"命令插入文本域。去掉文本域前的文字 Text field:，选定文本域，在"属性"面板中设置文本域的 Size 为 20，Max Length 为 20，效果如图 9-31 所示。

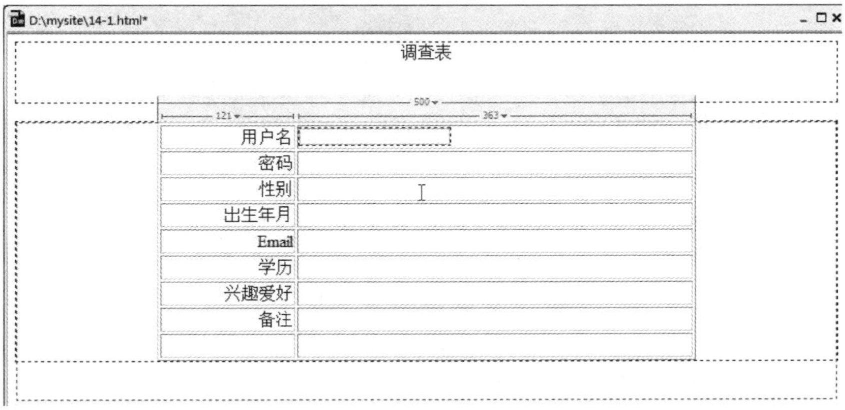

图 9-31　插入文本域后的效果

（6）将光标置于第 2 行第 2 列的单元格中，选择"插入"→"表单"→"密码"命令插入密码域。去掉密码域前的文字 Password:。

（7）将光标置于第 3 行第 2 列的单元格中，选择"插入"→"表单"→"单选按钮组"命令，弹出"单选按钮组"对话框，设置如图 9-32 所示，单击"确定"按钮，性别选项即插入到网页中。把光标移到"男"后，按 Delete 键，两个选项即可在同一行显示。

图 9-32　"单选按钮组"对话框

（8）将光标置于第 4 行第 2 列的单元格中，选择"插入"→"表单"→"文本"命令插入文本域。去掉文本域前的文字 Text field:，选定文本域，在"属性"面板中设置文本域的 Size 为 4，Max Length 为 4，在文本域后面输入文字"年"。按同样的方法插入"月"，Size 和 Max Length 设置为 2。

（9）将光标置于第 5 行第 2 列的单元格中，选择"插入"→"表单"→"电子邮件"命令插入电子邮件域，去掉电子邮件域前的文字 Email:。

（10）将光标置于第 6 行第 2 列的单元格中，选择"插入"→"表单"→"选择"命令插入选择域。去掉选择域前的文字 Select:，选定选择域，在"属性"面板中单击"列表值"按钮，弹出"列表值"对话框，设置如图 9-33 所示，单击"确定"按钮，设置 Selected 文本框为"请选择"。

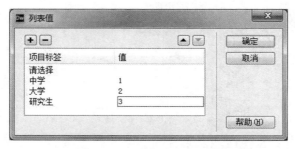

图 9-33　"列表值"对话框

（11）将光标置于第 7 行第 2 列的单元格中，选择"插入"→"表单"→"复选框组"命令，弹出"复选框组"对话框，设置如图 9-34 所示，单击"确定"按钮，调整各选项的位置，使它们在同一行显示。

图 9-34　"复选框组"对话框

（12）将光标置于第 8 行第 2 列的单元格中，选择"插入"→"表单"→"文本区域"命令插入文本区域，去除掉文本区域前的文字 Text Area:。

（13）选定第 9 行的两个单元格，单击"属性"面板中的"合并单元格"按钮合并单元格，设置单元格水平对齐方式为"居中对齐"。将光标置于该单元格中，选择"插入"→"表单"→"提交按钮"命令插入"提交"按钮；将光标置于"提交"按钮后，再次选择"插入"→"表单"→"重置按钮"命令，插入"重置"按钮。

（14）保存文档，按 F12 功能键预览。

第 10 章 行为的应用

本章导读

　　行为是 Dreamweaver 预置的 JavaScript 程序库，每个行为包括一个动作和一个事件。任何一个动作都需要一个事件激活，两者相辅相成。动作是一段已编辑好的 JavaScript 代码，这些代码在特定事件被激发时执行。本章主要讲解行为和动作的应用方法，通过学习，可以在网页中熟练应用行为和动作，使设计的网页更生动精彩。

本章要点

- 了解行为的概念。
- 掌握"行为"面板的使用。
- 掌握各种标准动作。

10.1　认识行为

　　现在许多网站不仅包含文字和图片，还包含应用程序，比如打开一个网页时响起优美动听的背景音乐，或者是能够自动跳转到另一个页面等。这些含有动态效果的网页其实都是通过 JavaScript 或基于 JavaScript 的 DHTML 代码来实现的，但是编写脚本既复杂又专业，需要专门学习。Dreamweaver 2021 提供了"行为"机制，虽然也是基于 JavaScript 来实现动态网页的，但网页制作人员却不用编写任何代码即可实现这些动态效果。

　　Dreamweaver 2021 中的行为将 JavaScript 代码放置在文档中，允许访问者与 Web 页之间进行交互，从而以多种方式更改页面或引起某些任务的执行。行为是事件和由事件触发的动作的组合，由对象、事件和动作构成。其中对象是产生行为的主体，网页中的很多元素都可以称为对象，如文字、图片、多媒体文件等，甚至网页本身也可以称为对象。事件是触发动态效果的原因，它可以被附加到各种页面元素上，也可以被附加到 HTML 标记中，例如与鼠标有关的三个最常见的事件：onMouseOver、onMouseOut、onClick 就是将鼠标指针移到图片上、把鼠标指针移到图片之外和单击鼠标左键；动作是指最终需要完成的动态效果，如弹出信息、自动跳转页面、背景音乐等，一般都是由 JavaScript 代码组成，只不过在 Dreamweaver 2021 中不需要自己编写代码，只需通过使用内置的行为即可由系统自动地把 JavaScript 代码添加到页面中。将事件和动作组合起来就构成了行为，例如当鼠标指针移动到网页的图片上方时图片高亮显示，此时鼠标的移动就是事件，图片的变化就是动作。

10.2 应用行为

在 Dreamweaver 2021 中，对行为的添加和控制主要是通过"行为"面板来实现的。选择"窗口"→"行为"命令（或按 Shift+F4 组合键），即可打开"行为"面板，如图 10-1 所示。

通过"行为"面板上的按钮可以实现一定的操作。

- "添加行为"按钮 + ：添加相应的行为和事件。
- "删除行为"按钮 − ：删除列表中所选的行为和事件。
- "向上"按钮 ▲ 和"向下"按钮 ▼ ：可以向上或向下移动所选的行为和事件。

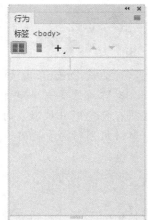

图 10-1 "行为"面板

10.2.1 添加行为

当选定一个对象后，可以为该对象添加行为，操作步骤如下：

（1）在 Dreamweaver 中打开网页文档，选定对象，如果对象是整个页面，则可以单击窗口左下角的<body>标签选中整个页面，然后在"行为"面板中单击"添加行为"按钮 + ，弹出"动作"列表，如图 10-2 所示。

（2）在"动作"列表中选择一种行为会弹出相应的参数设置对话框，如图 10-3 所示为添加"弹出信息"动作时弹出的对话框，在其中进行设置后单击"确定"按钮即可添加动作。"行为"面板的左边显示的是动作的默认事件，右边显示的是动作，如图 10-4 所示。

图 10-2 "动作"列表

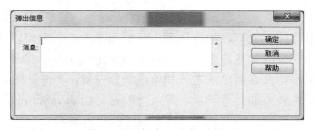

图 10-3 添加"弹出信息"动作时弹出的对话框

（3）单击默认事件右边的下拉按钮，即可弹出包含全部事件的事件列表，从中选择完成动作需要的事件来替换默认事件即可，如图 10-5 所示。

图 10-4　添加动作后的"行为"面板

图 10-5　选择事件

10.2.2　编辑行为

当某个对象添加了行为后，可以对行为进行编辑、删除、上移、下移等操作。编辑行为的具体操作步骤如下：

（1）选定对象，选择"窗口"→"行为"命令打开"行为"面板。

（2）将鼠标指针移到"行为"面板的"动作"上后右击，在弹出的快捷菜单中选择"编辑行为"选项（如图 10-6 所示）；或者直接双击动作。

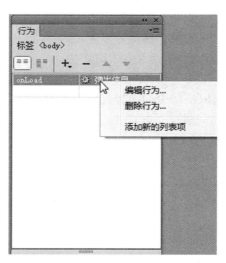

图 10-6　右击动作弹出的快捷菜单

（3）弹出相应的参数设置对话框，如图 10-7 所示为对"弹出信息"动作编辑行为时弹出的对话框，在其中进行设置后单击"确定"按钮。

删除行为可以把已经添加的行为删除掉，操作步骤如下：

（1）选定对象，选择"窗口"→"行为"命令打开"行为"面板。

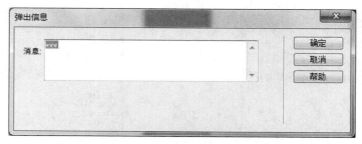

图 10-7　编辑行为时弹出的对话框

（2）选定需要删除的动作，直接单击"删除行为"按钮━即可；或者将鼠标指针移到"行为"面板的"动作"上后右击，在弹出的快捷菜单中选择"删除行为"选项（如图 10-6 所示）。

10.3　常用事件

Dreamweaver 中提供了很多事件，下面列举了一些常用事件并对其进行简单说明。

onAbort：当访问者中断浏览器正在载入图像的操作时产生。

onAfterUpdate：当网页中 bound（边界）数据元素已经完成源数据的更新时产生该事件。

onBeforeUpdate：当网页中 bound（边界）数据元素已经改变并且就要和访问者失去交互时产生该事件。

onBlur：当指定元素不再被访问者交互时产生。

onBounce：当 marquee（选取框）中的内容移动到该选取框边界时产生。

onChange：当访问者改变网页中的某个值时产生。

onClick：当访问者在指定的元素上单击时产生。

onDblClick：当访问者在指定的元素上双击时产生。

onError：当浏览器在网页或图像载入产生错位时产生。

onFinish：当 marquee（选取框）中的内容完成一次循环时产生。

onFocus：当指定元素被访问者交互时产生。

onHelp：当访问者单击浏览器的 Help（帮助）按钮或选择浏览器菜单中的 Help（帮助）命令时产生。

onKeyDown：当按下任意键时产生。

onKeyPress：当按下和松开任意键时产生。此事件相当于把 onKeyDown 和 onKeyUp 这两个事件合在一起。

onKeyUp：当按下的键松开时产生。

onLoad：当图像或网页载入完成时产生。

onMouseDown：当访问者按下鼠标时产生。

onMouseMove：当访问者将鼠标在指定元素上移动时产生。

onMouseOut：当鼠标从指定元素上移开时产生。

onMouseOver：当鼠标第一次移动到指定元素上时产生。

onMouseUp：当鼠标弹起时产生。

onMove：当窗体或框架移动时产生。

onReadyStateChange：当指定元素的状态改变时产生。

onReset：当表单内容被重新设置为默认值时产生。

onResize：当访问者调整浏览器或框架大小时产生。

onRowEnter：当 bound（边界）数据源的当前记录指针已经改变时产生。

onRowExit：当 bound（边界）数据源的当前记录指针将要改变时产生。

onScroll：当访问者使用滚动条向上或向下滚动时产生。

onSelect：当访问者选择文本框中的文本时产生。

onStart：当 marquee（选取框）元素中的内容开始循环时产生。

onSubmit：当访问者提交表单时产生。

onUnload：当访问者离开网页时产生。

10.4　标准动作

Dreamweaver 2021 内置了许多行为，每一种行为都可以实现一种动态效果或实现访问者与网页之间的交互，包括交换图像、弹出信息、打开浏览器窗口、设置文本、显示-隐藏元素、转到 URL 等。

10.4.1　交换图像

"交换图像"动作通过更改<img>标签的 src 属性将一个图像和另一个图像交换。使用"行为"中的"交换图像"动作创建鼠标经过图像和其他图像效果，当鼠标经过图像时会自动将一个交换图像行为添加到指定的网页中，具体操作步骤如下：

（1）在 Dreamweaver 中打开网页文档，选定需要交换的图像。

（2）选择"窗口"→"行为"命令，打开"行为"面板，单击"添加行为"按钮 +，在弹出的菜单中选择"交换图像"选项，如图 10-8 所示。

（3）弹出"交换图像"对话框（如图 10-9 所示），单击"浏览"按钮，弹出"选择图像源文件"对话框（如图 10-10 所示），选定交换图像，单击"确定"按钮返回"交换图像"对话框，再单击"确定"按钮。

图 10-8　选择"交换图像"选项

图 10-9　"交换图像"对话框

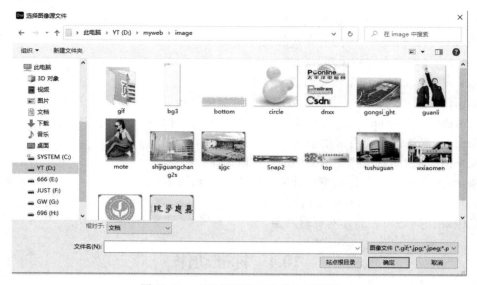

图 10-10　"选择图像源文件"对话框

（4）保存文档，按 F12 功能键预览，可以在浏览器中查看"交换图像"行为的效果。

选中的图像添加了"交换图像"行为后可以在"行为"面板上看到多了两个动作：一个是"交换图像"动作，事件是 onMouseOver；另一个是"恢复交换图像"动作，事件是 onMouseOut，如图 10-11 所示。

图 10-11　添加"交换图像"行为后的"行为"面板

10.4.2　弹出信息

使用"弹出信息"动作可以显示一个带有指定信息的 JavaScript 警告，因为 JavaScript 警告弹窗只有一个"确定"按钮，所以使用此动作只能提供信息，不能为用户提供选择，具体操作步骤如下：

（1）在 Dreamweaver 中打开网页文档，选定需要设置"弹出信息"行为的对象。

（2）选择"窗口"→"行为"命令打开"行为"面板，单击"添加行为"按钮 +.，在列表中选择"弹出信息"选项，如图 10-12 所示。

（3）弹出"弹出信息"对话框（如图 10-13 所示），在"消息"文本框中输入要显示的信息，单击"确定"按钮即可添加行为，该行为的默认事件是 onLoad，可根据需要设置为其他事件。

图 10-12　选择"弹出信息"选项

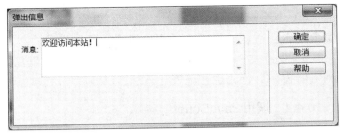

图 10-13　"弹出信息"对话框

（4）保存文档，按 F12 功能键预览，可以在浏览器中查看"弹出信息"行为的效果。

10.4.3　打开浏览器窗口

使用"打开浏览器窗口"行为可以在一个新窗口中打开 URL，具体操作步骤如下：：

（1）在 Dreamweaver 中打开网页文档，选定需要设置"打开浏览器窗口"行为的对象。

（2）选择"窗口"→"行为"命令，打开"行为"面板，单击"添加行为"按钮 +，在列表中选择"打开浏览器窗口"选项，如图 10-14 所示。

（3）弹出"打开浏览器窗口"对话框（如图 10-15 所示），在"要显示的 URL:"文本框中输入要显示的 URL 或者单击"浏览"按钮选择要打开的文件，设置其他各参数，单击"确定"按钮即可添加行为。

图 10-14　选择"打开浏览器窗口"选项

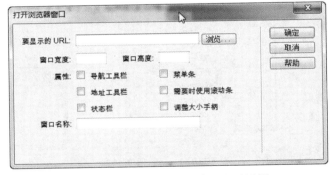

图 10-15　"打开浏览器窗口"对话框

对话框中各参数的解释如下：

- 要显示的 URL：输入要显示的 URL 或者单击"浏览"按钮选择要打开的文件。
- 窗口宽度：指定窗口的宽度，单位是像素。
- 窗口高度：指定窗口的高度，单位是像素。
- 导航工具栏：包括前进、后退、主页和刷新等浏览器按钮。
- 菜单条：包括文件、编辑、查看、转到和帮助等。
- 地址工具栏：包括地址域的浏览器选项。
- 需要时使用滚动条：如果内容超过可见区域时滚动条自动出现。
- 状态栏：浏览器窗口底部的区域，用于显示信息。
- 调整大小手柄：指定用户是否可以调整窗口的大小。

● 窗口名称：如果要作为链接目标或者用 JavaScript 控制它，那么应该给新窗口命名。

（4）查看附加的事件是否是需要的事件，如果不是需要的事件，可以更改事件。查看行为参数是否合适，如果不合适也可以修改行为参数。

（5）保存文档，按 F12 功能键预览，打开浏览器后，可以看到当发生设置的事件时，"打开浏览器窗口"行为也相应发生。

10.4.4 调用 JavaScript

调用 JavaScript 行为可以指定在事件发生时要执行的自定义函数或者 JavaScript 代码。可以自己书写这些 JavaScript 代码，也可以使用网络上免费发布的各种 JavaScript 库。

（1）在 Dreamweaver 中打开网页文档，选定需要设置"调用 JavaScript"行为的对象。

（2）选择"窗口"→"行为"命令，打开"行为"面板，单击"添加行为"按钮 ，在列表中选择"调用 JavaScript"选项，如图 10-16 所示。

（3）弹出"调用 JavaScript"对话框（如图 10-17 所示），在 JavaScript 文本框中输入要执行的自定义函数名称或者 JavaScript 代码，单击"确定"按钮。

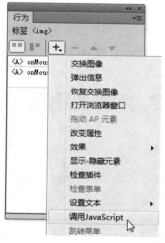

图 10-16　选择"调用 JavaScript"选项　　　　图 10-17　"调用 JavaScript"对话框

（4）查看附加的事件是否是需要的事件，如果不是需要的事件可以更改事件。查看行为参数是否合适，如果不合适也可以修改行为参数。

（5）保存文档，按 F12 功能键预览，打开浏览器后，可以看到当发生设置的事件时，浏览器会自动调用输入的 JavaScript 代码，从而达到一定的效果。

10.4.5 检查插件

在 Dreamweaver 中使用"检查插件"行为可以根据用户的浏览器是否安装了指定插件，来将他们转到不同的页面。例如，可能需要让安装有 Flash 的用户转到某一页面，而让未安装该软件的用户转到另一页面。一般来说，如果插件对于页面来说是必需的，则选择此选项；否则取消选择此选项。具体操作步骤如下：

（1）在 Dreamweaver 中打开网页文档。

（2）选择"窗口"→"行为"命令，打开"行为"面板，单击"添加行为"按钮 +，在列表中选择"检查插件"选项，如图 10-18 所示。

（3）弹出"检查插件"对话框（如图 10-19 所示），在"插件"栏中选择某种插件，也可以输入插件的名称；"如果有，转到 URL："文本框中输入安装此插件的用户要跳转的 URL或者单击"浏览"按钮选择一个页面。如果该文本框为空，表示安装此插件的用户将停留在当前页面上；"否则，转到 URL："文本框中输入没有安装此插件的用户要跳转的 URL 或者单击"浏览"按钮选择一个页面，如果该文本框为空，表示没有安装此插件的用户停留在当前页面上。勾选"如果无法检测，则始终转到第一个 URL："复选项时，当浏览器无法检测到用户是否安装此插件时会转到前面设置的第一个 URL 中。最后单击"确定"按钮。

图 10-18　选择"检查插件"选项　　　　　　图 10-19　"检查插件"对话框

（4）查看附加的事件是否是需要的事件，如果不是需要的事件可以更改事件。查看行为参数是否合适，如果不合适，也可以修改行为参数。

（5）保存文档，按 F12 功能键预览，打开浏览器后可以对插件进行检查，如果已安装设定的插件，则会跳转到某一个页面，否则跳转到另一个页面。

10.4.6　转到 URL

"转到 URL"行为可以让用户在当前窗口或者指定框架中打开一个新页面。不但可以由不同的事件来执行，而且对于一次改变两个或两个以上框架的内容特别有用。具体操作步骤如下。

（1）在 Dreamweaver 中打开网页文档，选定需要设置"转到 URL"行为的对象。

（2）选择"窗口"→"行为"命令，打开"行为"面板，单击"添加行为"按钮 +，在列表中选择"转到 URL"选项，如图 10-20 所示。

（3）弹出"转到 URL"对话框（如图 10-21 所示），在 URL 文本框中输入跳转的 URL地址或者单击"浏览"按钮选择一个页面，设置打开在某个页面中，单击"确定"按钮。

（4）查看附加的事件是否是需要的事件，如果不是需要的事件可以更改事件。查看行为参数是否合适，如果不合适也可以修改行为参数。

（5）保存文档，按 F12 功能键预览，打开浏览器后，如果发生设置的事件时，即可跳转到某一个页面。

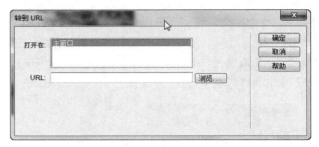

图 10-20　选择"转到 URL"选项　　　　　　图 10-21　　"转到 URL"对话框

10.4.7　预先载入图像

使用"预先载入图像"行为可以将暂时不在页面上显示的图像加载到浏览器缓存中。在使用含有较多图像的对象时，可以将所用的图片预先下载到浏览器缓存中，以提高显示的速度和效果。具体操作步骤如下：

（1）在 Dreamweaver 中打开网页文档，选定需要设置"预先载入图像"行为的对象。

（2）选择"窗口"→"行为"命令打开"行为"面板，单击"添加行为"按钮 ，在列表中选择"预先载入图像"选项，如图 10-22 所示。

（3）弹出"预先载入图像"对话框（如图 10-23 所示），在"图像源文件"文本框中输入图像文件的 URL 地址或者单击"浏览"按钮选取要预先加载的图像文件。单击顶部的"添加"按钮 向"预先载入图像"添加一个文件空位。在"图像源文件"文本框中添加新的图像文件的 URL 地址。重复单击"添加"按钮 和"浏览"按钮可以添加更多的图像文件。在"预先载入图像"列表框中选中一个图像文件，再单击顶部的"删除"按钮 可以删除一个图像文件。

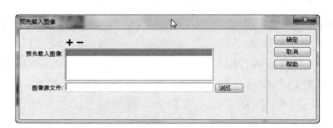

图 10-22　选择"预先载入图像"选项　　　　　图 10-23　　"预先载入图像"对话框

（4）查看附加的事件是否是需要的事件，如果不是需要的事件可以更改事件。查看行为参数是否合适，如果不合适也可以修改行为参数。

（5）保存文档，按 F12 功能键预览，打开浏览器后，如果发生设置的事件时即可预先载入图像。

提示：如果在"交换图像"对话框中选取了"预先载入图像"选项，交换图像动作将自动预先加载高亮图像，因此当使用"交换图像"行为时不再需要手动添加"预先载入图像"。

10.4.8　设置文本

文本行为，就是网页中的文本有行为，包括设置容器的文本、文本域文字、框架文本和状态栏文本。"设置容器的文本"行为是用指定的内容来代替页面上现有的容器。所谓页面上的容器是指可以包含文本或其他元素的任何 HTML 元素；指定的内容可以包括任何有效的 HTML 源代码。使用"设置文本域文字"行为可以将表单文本域中的内容替换为指定的内容，比如在登录网站时往往有用户名和密码输入框，在制作网页的时候希望当鼠标移动到用户名框内的时候会出现提示文字"请输入用户名"，当鼠标移开的时候该文本又会自动消失等。使用"设置框架文本"行为可以将框架的内容和格式替换成指定的内容，该内容可以包括任何合法的 HTML 代码。使用该行为可以动态地设置框架的文本，也可以动态显示信息。设置"状态栏文本"行为可以指定状态栏中显示的文字内容，比如鼠标移动到某些链接上的时候，经常会在状态栏中出现文字链接所指向的网址或者出现其他的说明性文字等。四种文本行为中"文本域文字"是最常用到的。具体操作步骤如下：

（1）在 Dreamweaver 中打开网页文档，选定需要设置"设置文本"行为的对象。

（2）选择"窗口"→"行为"命令打开"行为"面板，单击"添加行为"按钮 ，在列表中选择"设置文本"选项，在级联菜单中选择相应的文本行为，如"设置文本域文字"行为，如图 10-24 所示。

图 10-24　选择"设置文本"选项

（3）弹出相应的对话框，"设置容器的文本"对话框如图 10-25 所示，"设置文本域文字"

对话框如图 10-26 所示,"设置框架文本"对话框如图 10-27 所示,"设置状态栏文本"对话框如图 10-28 所示。设置完成后单击"确定"按钮。

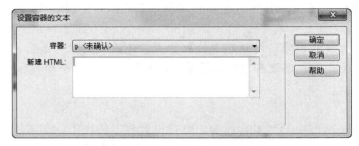

图 10-25   "设置容器的文本"对话框

图 10-26   "设置文本域文字"对话框

图 10-27   "设置框架文本"对话框

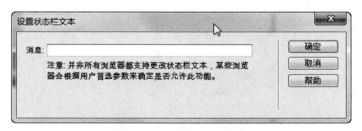

图 10-28   "设置状态栏文本"对话框

(4) 查看附加的事件是否是需要的事件,如果不是需要的事件可以更改事件。查看行为参数是否合适,如果不合适也可以修改行为参数。

(5) 保存文档,按 F12 功能键预览,打开浏览器后,如果发生设置的事件时,即可看到相应的文本行为效果。

10.4.9 显示-隐藏元素

"显示-隐藏元素"行为可以显示、隐藏或者恢复一个或多个页面元素的默认可见性,主要用于在用户与页面进行交互时显示信息。

(1)在 Dreamweaver 中打开网页文档,选定需要设置"显示-隐藏元素"行为的对象。

(2)选择"窗口"→"行为"命令打开"行为"面板,单击"添加行为"按钮 🛨,在列表中选择"显示-隐藏元素"选项,如图 10-29 所示。

(3)弹出"显示-隐藏元素"对话框(如图 10-30 所示),在"元素"列表框中选择需要改变可见性的元素,单击"显示"按钮、"隐藏"按钮或者"默认"按钮设置元素的可见性。继续选择其他元素并单击相关的按钮以设置更多元素的可见性。最后单击"确定"按钮完成设置。

图 10-29 选择"显示-隐藏元素"选项

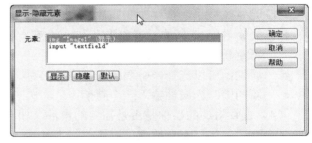

图 10-30 "显示-隐藏元素"对话框

(4)查看附加的事件是否是需要的事件,如果不是需要的事件可以更改事件。查看行为参数是否合适,如果不合适,也可以修改行为参数。

(5)保存文档,按 F12 功能键预览,打开浏览器后,如果对象发生设置的事件时,即可看到相应的显示或隐藏元素。

10.4.10 改变属性

在 Dreamweaver 中使用"改变属性"行为可以更改页面元素的属性值,具体操作步骤如下:

(1)在 Dreamweaver 中打开网页文档,选定需要设置"改变属性"行为的对象。

(2)选择"窗口"→"行为"命令打开"行为"面板,单击"添加行为"按钮 🛨,在列表中选择"改变属性"选项,如图 10-31 所示。

图 10-31 选择"改变属性"选项

（3）弹出"改变属性"对话框，如图 10-32 所示，设置相应参数，包括元素类型、元素 ID、属性、新的值等，最后单击"确定"按钮。

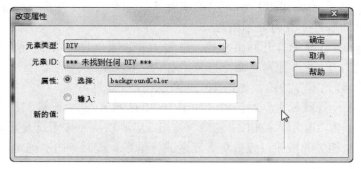

图 10-32　"改变属性"对话框

- 元素类型：选择要改变属性的元素。
- 元素 ID：选择的元素如果有 ID，会在此处自动显示出来。如果没有 ID，添加 ID 后再重新填写"改变属性"对话框。
- 属性：可以选择一个要改变的属性名称，也可以输入一个要改变的属性名称。
- 新的值：为属性输入一个新值。

（4）查看附加的事件是否是需要的事件，如果不是需要的事件可以更改事件。查看行为参数是否合适，如果不合适也可以修改行为参数。

（5）保存文档，按 F12 功能键预览，打开浏览器后，如果对象发生设置的事件时，即可修改相应的属性。

10.4.11　检查表单

使用"检查表单"行为可以为表单中的各元素设置有效性规则，具体操作步骤如下：

（1）在 Dreamweaver 中打开网页文档，选定需要设置"检查表单"行为的表单。

（2）选择"窗口"→"行为"命令打开"行为"面板，单击"添加行为"按钮 +，在列表中选择"检查表单"选项，如图 10-33 所示，弹出"检查表单"对话框，如图 10-34 所示。

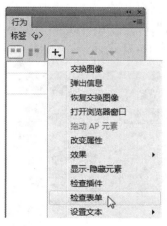

图 10-33　选择"检查表单"选项

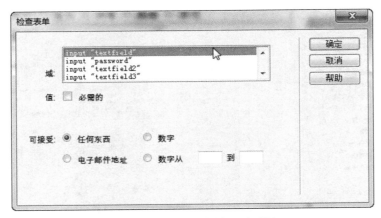

图 10-34　"检查表单"对话框

（3）如果只验证单个域，请从"域"列表框中选择与在"文档"窗口中选择的同样名称的域；如果要验证多个域，请从"域"列表中选择某个文本域。

（4）如果该域必须包含某种数据，则在"值"栏中勾选"必需的"复选项。

（5）在"可接受"栏中选择以下选项：

● 　任何东西：检查该域中必须包含有数据，但是数据类型不限。

● 　数字：该域中是否只包含数字字符。

● 　电子邮件地址：检查该域中是否包含一个@符号。

● 　数字从：检查该域中是否包含指定范围内的数字，在后面的文本框中输入数值。

（6）如果需要验证多个域，请在"域"列表框中选择另外需要验证的域，然后重复步骤（4）和步骤（5）。

（7）单击"确定"按钮，完成设置。

如果是在用户提交表单时验证多个域，则 onSubmit 事件将自动出现在"事件"菜单中。如果是验证单个域，则要检查默认的事件是否是 onBlur 或 onChange 事件。如果不是，请从"事件"菜单中选择 onBlur 或 onChange 事件。onBlur 或 onChange 事件都用于在用户从该域中移走时触发"检查表单"行为，区别在于：onBlur 事件无论用户是否在该域中输入内容都会发生，而 onChange 事件只在用户改变了域中的内容时才会发生。因此，当指定的域必须要填写内容时最好使用 onBlur 事件。

10.4.12　跳转菜单

使用跳转菜单可以有效地节约版面，经常用在友情链接中,具体操作步骤如下：

（1）在 Dreamweaver 中打开网页文档，选定需要设置"跳转菜单"行为的对象，如表单中的选择域。

（2）选择"窗口"→"行为"命令，打开"行为"面板，单击"添加行为"按钮，在列表中选择"跳转菜单"选项，如图 10-35 所示。

（3）弹出"跳转菜单"对话框，如图 10-36 所示，在其中按照需要进行修改。如果是框架页面，在"打开 URL 于："下拉列表框中会有框架窗口可以选择。设置完成后单击"确定"按钮。

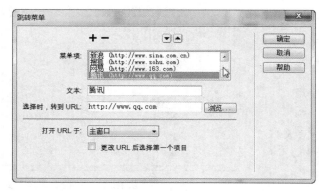

图 10-35 选择"跳转菜单"选项   图 10-36 "跳转菜单"对话框

（4）保存文档，按 F12 功能键预览即可看到效果。

10.5 实例

10.5.1 实例 1——跳转菜单

打开 10-1.html 网页文档，为"门户网站"下拉菜单创建跳转菜单，新浪的网址是 http://www.sina.com.cn，搜狐的网址是 http://www.sohu.com，网易的网址是 http://www.163.com，腾讯的网址是 http://www.qq.com。

具体操作步骤如下：

（1）在 Dreamweaver 中打开网页文档，选定"门户网站"下拉菜单。

（2）选择"窗口"→"行为"命令打开"行为"面板，单击"添加行为"按钮 ，在列表中选择"跳转菜单"选项，如图 10-35 所示。

（3）弹出"跳转菜单"对话框，在"菜单项"列表框中选择"新浪"，然后在"选择时，转到 URL："文本框中输入 http://www.sina.com.cn，"打开 URL 于："设置为"主窗口"，如图 10-37 所示，按照同样的方法为"搜狐""网易""腾讯"设置相应的网址，最后单击"确定"按钮。

图 10-37 设置"新浪"跳转的 URL 等

（4）保存文档，按 F12 功能键预览，当单击"门户网站"下拉菜单时，选择某一门户网站的名称即可打开该门户网站。

10.5.2　实例 2——弹出信息

打开 10-2.html 网页文档，创建一个弹出信息行为，当打开网页时弹出一个对话框，里面的信息内容为"欢迎了解嘉应学院"。

具体操作步骤如下：

（1）在 Dreamweaver 中打开 10-2.html 文档，单击文档窗口状态栏中的<body>标签。

（2）选择"窗口"→"行为"命令打开"行为"面板，单击"添加行为"按钮 ，在列表中选择"弹出信息"选项，如图 10-38 所示。

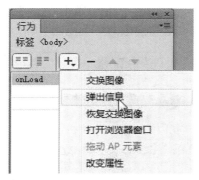

图 10-38　选择"弹出信息"选项

（3）弹出"弹出信息"对话框，在"消息"文本框中输入文字"欢迎了解嘉应学院"，如图 10-39 所示，单击"确定"按钮。设置行为的事件是 onLoad，表示打开网页即弹出对话框。

（4）保存文档，按 F12 功能键预览，一打开浏览器就会弹出一个对话框，如图 10-40 所示。

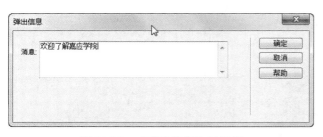

图 10-39　"弹出信息"对话框　　　　　图 10-40　打开网页弹出的对话框

10.5.3　实例 3——关闭网页

打开 10-3.html 网页文档，为文字"关闭网页"创建一个"调用 JavaScript"行为，当单击"关闭网页"文字时可以关闭当前网页。

具体操作步骤如下：

（1）在 Dreamweaver 中打开 10-3.html 文档，选定文字"关闭网页"。

（2）选择"窗口"→"行为"命令打开"行为"面板，单击"添加行为"按钮 ，在列表中选择"调用 JavaScript"选项。

（3）弹出"调用 JavaScript"对话框，在 JavaScript 文本框中输入 window.close()，如图 10-41 所示，单击"确定"按钮，设置事件为 onClick。

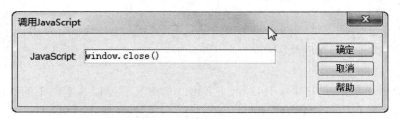

图 10-41　"调用 JavaScript"对话框

（4）保存文档，按 F12 功能键预览，打开浏览器后，当单击"关闭网页"文字时会弹出如图 10-42 所示的对话框，单击"是"按钮即可关闭网页。

图 10-42　提示是否关闭页面

第 11 章　使用 jQuery 特效

 本章导读

JavaScript 是一种基于对象和事件驱动，并具有安全性能的脚本语言，主要用于网页交互和特效，以及前端应用开发。由于 JavaScript 脚本语言的跨平台性，其能够在大多数浏览器中运行，但不同浏览器对 JavaScript 和 DOM 的解析不尽相同，导致开发人员的开发效率受到影响。为了 JavaScript 的高效开发，jQuery 应运而生。本章主要讲解 jQuery 特效的使用方法，通过学习，可以在网页中熟练应用 jQuery 特效，使页面拥有更加丰富的动态效果。

本章要点

- 了解 jQuery 的基础知识。
- 掌握 jQuery 特效的使用。

11.1　认识 jQuery

JavaScript 是一种高级脚本语言，随着它被广泛地用于 Web 应用开发，涌现出了一大批优秀的 JavaScript 脚本库，如 jQuery、MooTools、Vue、Prototype、Dojo 和 YUI 等。其中，jQuery 是一个非常优秀的、轻量级的 JavaScript 脚本库。

jQuery，顾名思义是 JavaScript 和查询（Query），它是一个快速、小巧且功能丰富的 JavaScript 脚本库，于 2006 年 1 月由 John Resig 发布，目前版本已更新至 3.6。其设计的宗旨是"Write Less，Do More"，即"写更少的代码，做更多的事情"。由于 jQuery 使 HTML 文档遍历和操作、事件处理、运行动画效果和 Ajax 等工作变得更为简单，具有易于使用的 API，且兼容各种浏览器，极大地提高了编写 JavaScript 代码的效率，因此受到了广大开发人员的青睐。

11.2　jQuery 的特点

jQuery 是 JavaScript 中的一个脚本库，或者说是 JavaScript 中的一个子集。对比原生的 JavaScript，它有很多优点，下面详细介绍。

1. 轻量级代码

jQuery 的代码非常小巧，它的核心 JavaScript 文件很小，压缩之后仅有几十 KB，对页面加载速度没有任何影响，可以大大提高网站用户的体验度。

2. 多浏览器支持

JavaScript 脚本对浏览器的兼容性一直困扰着 Web 开发人员，jQuery 具有良好的兼容性，

它兼容各大主流浏览器。jQuery3.6 支持的有 Chrome、Edge、Firefox、IE 9.0+、Safari、Opera 等桌面版浏览器和 Android 4.0+、iOS 7+上的移动版浏览器。

3．便捷的功能函数

jQuery 拥有强大的功能函数，可以供开发人员直接调用，快捷实现各种需要的功能，而不需要写出 JavaScript 代码以及调试错误，不仅提高了开发效率，而且使代码更加简洁。

4．链式编程风格

在 jQuery 中，如果对同一个元素或元素的其他关系元素（兄弟元素、父子元素）进行一组操作，可以通过"."语法（点语法）调用自身方法的原理进行统一处理，而不需要重新获取对象。这种方式精简了代码量，让代码变得更有层次、更加简洁，有助于提高浏览器加载页面的速度。

5．丰富的插件支持

jQuery 是开源的，具有易扩展性，来自全球的开发者都可以自由地使用并提出修改意见，同时为其编写扩展插件。目前已有几百种插件获得官方支持，而且还有新的插件不断出现。Web 开发者可以直接在网上下载使用，快捷实现更多页面需要的功能。

11.3　jQuery 特效的使用

Dreamweaver 2021 捆绑了 jQuery 特效库，已内置 12 种 jQuery 效果，并提供友好的可视化操作界面，用户能够轻松地为页面上几乎所有的元素添加精美的效果。

11.3.1　内置 jQuery 效果的使用步骤

Dreamweaver 2021 内置的 jQuery 效果能够满足一般的网页元素设计需要。如果要使用内置的 jQuery 效果，可以利用"行为"面板来实现，具体步骤如下：

（1）选定要设置效果的内容或布局对象。

（2）选择"窗口"→"行为"命令，如图 11-1 所示。

图 11-1　选择"行为"命令

（3）在弹出的"行为"面板（如图 11-2 所示）中单击"添加行为"按钮，在列表中选择"效果"选项，在其级联菜单中选择所需的效果，各个效果的功能详见下一节的介绍，如图 11-3 所示。

图 11-2　"行为"面板　　　　　　　　　图 11-3　选择效果

（4）选定效果后会弹出效果对应的参数设置对话框，如图 11-4 所示。每个效果对应的参数有所不同，参数设置说明详见下一节的介绍。设置完参数后单击"确定"按钮完成效果选择操作。

（5）在"行为"面板中可以看到新增加的行为，单击左侧默认事件 onClick 右边的下拉按钮，在下拉列表中选择完成效果需要的事件即可完成效果的应用，如图 11-5 所示。

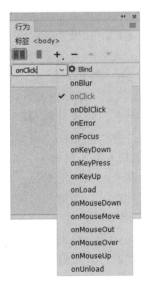

图 11-4　效果属性设置对话框　　　　　　图 11-5　选择事件

如果要应用多个 jQuery 效果，可重复以上步骤添加。多个效果将按照"行为"面板中的排列顺序执行，如果要改变效果执行的顺序，可以使用"行为"面板上的三角或倒三角按钮进行调整。

需要注意的是，"窗口"→"行为"需要在"设计"视图工作界面下才能使用，在"实时视图"工作界面下，"窗口"→"行为"处于不可用状态。

11.3.2　内置 jQuery 效果的功能介绍

Dreamweaver 2021 内置了 12 种 jQuery 效果，下面介绍它们的功能和属性设置。

1. Blind（百叶窗）

模拟拉百叶窗的效果，打开或关闭百叶窗来显示或隐藏元素。其属性设置如下：

目标元素：选择要应用效果的对象 ID。如果已经选定了一个对象，选择默认"<当前选定内容>"即可。

效果持续时间：效果完成的时间，默认为 1000ms，即 1s。

可见性：应用效果后的显示状态，有 hide、show 和 toggle 三种状态可选择，即隐藏、显示、隐藏与显示之间切换。

方向：百叶窗滚动的方向，有 up、down、left、right、vertical 和 horizontal 六个方向可选择，即向上、向下、向左、向右、垂直、水平。

2. Bounce（弹跳）

模拟弹跳的效果，上、下、左、右跳动来隐藏或显示元素。其属性设置如下：

目标元素、效果持续时间、可见性的设置与 Blind 效果相同。

方向：弹跳的方向，有 up、left、right 和 down 四个方向可选择。

距离：弹跳的最大位移，以像素为单位。

次：弹跳的次数。

3. Clip（剪辑）

通过垂直或水平方向夹剪元素来隐藏或显示元素。其属性设置如下：

目标元素、效果持续时间、可见性的设置同 Blind 效果。

方向：夹剪的方向，有 vertical 和 horizontal 两种方向可选择。

4. Drop（降落）

通过单个方向滑动的淡入淡出来隐藏或显示一个元素。其属性设置如下：

目标元素、效果持续时间、可见性的设置同 Blind 效果。

方向：滑动的方向，有 left、right、up 和 down 四个方向可选择。

5. Fade（淡入淡出）

使元素淡入或淡出来显示或隐藏。其属性设置如下：

目标元素、效果持续时间、可见性的设置同 Blind 效果。

6. Fold（折叠）

向上或向下折叠来隐藏或显示元素，注意显示和隐藏的时候顺序相反。其属性设置如下：

目标元素、效果持续时间、可见性的设置同 Blind 效果。

水平优先：折叠时是否先进行水平方向的折叠，有 true 和 false 两种选择，即是或否。

大小：被折叠元素的尺寸。

7. Highlight（高亮）

通过改变背景颜色来隐藏或显示元素。其属性设置如下：

目标元素、效果持续时间、可见性的设置同 Blind 效果。

颜色：在颜色井中或输入色彩代码来选择要高亮显示的颜色。

8. Puff（膨胀）

在缩放元素的同时隐藏元素。其属性设置如下：

目标元素、效果持续时间、可见性的设置同 Blind 效果。

百分比：缩放的大小，百分比为单位。

9. Pulsate（抖动）

通过抖动来隐藏或显示一个元素。其属性设置如下：

目标元素、效果持续时间、可见性的设置同 Blind 效果。

次：抖动的次数。

10. Scale（缩放）

按照百分比数值来缩放元素。其属性设置如下：

目标元素、效果持续时间、可见性的设置同 Blind 效果。

方向：缩放的方式，有 both、vertical 和 horizontal 三种方式可选择，即两者（垂直和水平）、垂直、水平。

原点 X：横坐标消失点，有 center、left 和 right 三个方向可选择，即中心、向左、向右。

原点 Y：纵坐标消失点，有 middle、top 和 bottom 三个方向可选择，即中间、顶部、底部。

百分比：缩放的大小，以百分比为单位。

小数位数：元素的哪个区域将被调整尺寸，有 both、box、content 三个选项。当值为 box 时，调整元素的边框（border）和内边距（padding）的尺寸；当值为 content 时，调整元素内的所有内容的尺寸。

11. Shake（摇晃）

使元素模拟摇晃的效果。其属性设置如下：

目标元素、效果持续时间的设置同 Blind 效果。

方向：摇晃的方向。

距离：晃动的位移大小，以像素为单位。

次：摇晃的次数。

12. Slide（滑动）

通过向不同方向滑动元素来显示或隐藏效果。其属性设置如下：

目标元素、效果持续时间、可见性的设置同 Blind 效果。

方向：滑动的方向，有 left、right、up 和 down 四个方向可选择。

距离：滑动的位移大小，以像素为单位。

应用内置的 jQuery 效果后，在"代码"视图中可以看到系统会自动将对应的代码内容添加到代码行中，其中 jquery-1.11-1.min.js 和 jquery-ui-effects.custom.min.js 用来标识实现 jQuery 效果所需的文件。这两个文件会自动生成，并要求保存在与页面相同的站点文件夹中。

11.4 实例

本节将选择部分内置 jQuery 特效进行实例介绍，详细说明特效应用的操作步骤。

11.4.1 百叶窗特效

【实例 1】本例演示当鼠标单击网页中的图片时，图片自动向下收缩，直至消失，演示效果如图 11-6 所示。

图 11-6　百叶窗效果

具体操作步骤如下：

（1）新建页面，插入文件夹 example1 中的图片 image1.jpg。

（2）调整图片大小后，选定图片，选择"窗口"→"行为"命令打开"行为"面板，单击"添加行为"按钮，在列表中选择"效果"→Blind 选项，如图 11-7 所示。

（3）弹出 Blind 对话框，在其中设置"目标元素"为"<当前选定内容>"，"效果持续时间"为 5000ms，"可见性"为 hide，即为定义目标对象应用效果后隐藏，"方向"为 down，即向下滚动，如图 11-8 所示。设置完毕后单击"确定"按钮。

图 11-7　选择 Blind 选项

图 11-8　设置 Blind 属性对话框

（4）完成上面的操作后，在"行为"面板中可以看到新增加的行为，单击左侧事件，选择默认的 onClick，即在指定元素上单击时将触发效果，如图 11-9 所示。

（5）保存网页，Dreamweaver 会自动弹出"复制相关文件"对话框，提示 jquery-1.11-1.min.js 和 jquery-ui-effects.custom.min.js 两个库文件需要保存至本地站点，如图 11-10 所示。单击"确定"按钮完成保存操作。这时在站点文件夹中会自动生成名为 jQueryAssets 的文件夹，用于存放上面的两个库文件。

图 11-9　设置触发事件　　　　　　　　　　图 11-10　"复制相关文件"对话框

（6）用浏览器打开保存后的页面，当页面完成初始化后，鼠标单击浏览器窗口中的图片时图片会出现百叶窗效果，最后消失。

11.4.2　高亮特效

【实例 2】本例演示当鼠标经过网页中的文字时产生高亮效果，演示效果如图 11-11 所示。

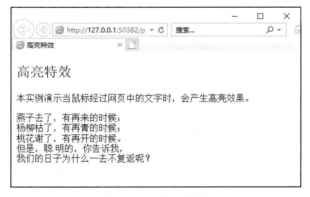

图 11-11　高亮效果

具体操作步骤如下：

（1）新建网页，输入文字，并进行适当的文字排版。

（2）选定要高亮的文字，选择"窗口"→"行为"命令打开"行为"面板，单击"添加行为"按钮，在列表中选择"效果"→Highlight 选项，如图 11-12 所示。

（3）弹出 Highlight 对话框，在其中设置"目标元素"为"<当前选定内容>"，"效果持续时间"为 5000ms，"可见性"为 hide，即为定义目标对象应用效果后隐藏，在颜色井中选择红色或直接输入色彩代码#FC0624，如图 11-13 所示。设置完毕后单击"确定"按钮。

图 11-12　选择 Highlight 选项　　　　　图 11-13　设置 Highlight 属性对话框

（4）完成上面的操作后，在"行为"面板中可以看到新增加的行为，单击左侧事件，在下拉列表中选择 onMouseOver，即当鼠标经过选定的文字时将触发效果，如图 11-14 所示。

（5）按照步骤（2）～（4）继续操作，再添加一个高亮特效，属性设置如图 11-15 所示，其中"目标元素"为"<当前选定内容>"，"效果持续时间"为 1000ms，"可见性"为 show，即为定义目标对象应用效果后显示，在颜色井中选择亮黄色或直接输入色彩代码#FFFF99。设置完毕后单击"确定"按钮。

图 11-14　设置触发事件　　　　　　　图 11-15　设置 Highlight 属性对话框

（6）完成上面的操作后，在"行为"面板中可以看到新增加的行为，单击左侧事件，在下拉列表中选择 onMouseOver，即当鼠标经过选定的文字时将触发效果，如图 11-16 所示。然后单击倒三角按钮把当前行为移至上一步行为的下面，即使该行为在上一步行为发生后再触发。

（7）保存网页和库文件，如图 11-17 所示。

图 11-16　设置触发事件及行为顺序

图 11-17　保存库文件

（8）用浏览器打开保存后的页面，当页面完成初始化后，鼠标在浏览器窗口中的文字上经过时文字会高亮显示并逐渐消失，然后再高亮恢复正常。

11.4.3　弹跳特效

【实例 3】本例演示当鼠标单击网页中的篮球图片时篮球会出现跳动效果，演示效果如图 11-18 所示。

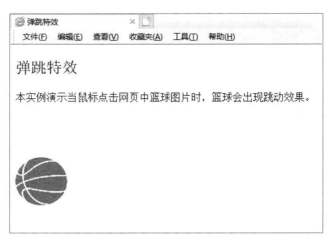

图 11-18　弹跳效果

具体操作步骤如下：

（1）新建页面，插入文件夹 example3 中的图片 basketball.gif。

（2）调整图片大小后选定图片，选择"窗口"→"行为"命令打开"行为"面板，单击"添加行为"按钮，在列表中选择"效果"→Bounce 选项，如图 11-19 所示。

（3）弹出 Bounce 对话框，设置"目标元素"为"<当前选定内容>"，"效果持续时间"为 5000ms，"可见性"为 hide，即为定义目标对象应用效果后隐藏，"方向"为 up，即向上弹跳，"距离"为 50 像素，"次"为 5，如图 11-20 所示。设置完毕后单击"确定"按钮。

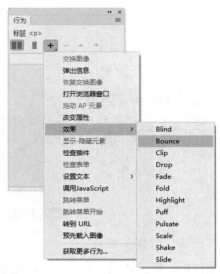

图 11-19　选择 Bounce 命令　　　　　图 11-20　设置 Bounce 属性对话框

（4）完成上面的操作后在"行为"面板中可以看到新增加的行为，单击左侧事件，选择默认的 onClick，即当鼠标点击图片时将触发效果，如图 11-21 所示。

（5）按照步骤（2）～（4）继续操作，再添加一个弹跳特效，属性设置如图 11-22 所示，其中"目标元素"为"<当前选定内容>"，"效果持续时间"为 1000ms，"可见性"为 show，即为定义目标对象应用效果后显示，"方向"为 down，即向下弹跳，"距离"为 50 像素，"次"为 3。设置完毕后单击"确定"按钮。

图 11-21　设置触发事件　　　　　　图 11-22　设置 Bounce 属性对话框

（6）完成上面的操作后在"行为"面板中可以看到新增加的行为，单击左侧事件，选择默认的 onClick，即当鼠标点击图片时将触发效果，如图 11-23 所示。然后单击倒三角按钮把当前行为移至上一步行为的下面，即使该行为在上一步行为发生后再触发。

（7）保存网页和库文件，如图 11-24 所示。

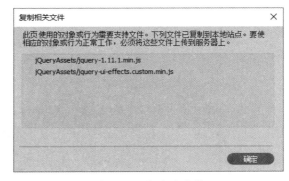

图 11-23　设置触发事件及行为顺序　　　　　　图 11-24　保存库文件

（8）用浏览器打开保存后的页面，当页面完成初始化后，鼠标单击浏览器窗口中的"篮球"图片时，篮球会慢慢向上弹跳，最后消失，然后再向下弹跳出现。

11.4.4　摇晃特效

【实例 4】本例演示当鼠标单击网页中的旗帜图片时旗帜会出现摇曳效果，演示效果如图 11-25 所示。

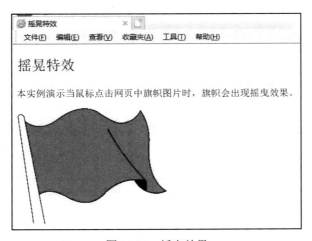

图 11-25　摇曳效果

具体操作步骤如下：

（1）新建页面，插入文件夹 example4 中的图片 flag.gif。

（2）调整图片大小后选定图片，选择"窗口"→"行为"命令打开"行为"面板，单击"添加行为"按钮，在列表中选择"效果"→Shake 选项，如图 11-26 所示。

（3）弹出 Shake 对话框，在其中设置"目标元素"为"<当前选定内容>"，"效果持续时间"为 5000ms，"方向"为 right，即向右摇晃，距离为 20 像素，次数为 5，如图 11-27 所示。设置完毕后单击"确定"按钮。

图 11-26　选择 Shake 选项　　　　　　　图 11-27　设置 Shake 属性对话框

（4）完成上面的操作后在"行为"面板中可以看到新增加的行为，单击左侧事件，选择默认的 onClick，即在指定元素上单击时将触发效果，如图 11-28 所示。

（5）保存网页和库文件，如图 11-29 所示。

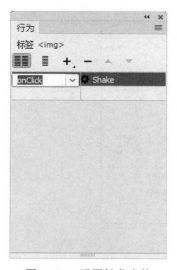

图 11-28　设置触发事件　　　　　　　　图 11-29　保存库文件

（6）用浏览器打开保存后的页面，当页面完成初始化后，鼠标点击浏览器窗口中的旗帜图片时旗帜会向右摇曳。

11.4.5 剪辑特效

【实例 5】本例演示当鼠标经过网页中的图片时图片出现剪辑效果，演示效果如图 11-30 所示。

图 11-30 剪辑效果

具体操作步骤如下：

（1）新建页面，插入文件夹 example5 中的图片 road.jpeg。

（2）调整图片大小后选定图片，选择"窗口"→"行为"命令，打开"行为"面板，单击"添加行为"按钮，在列表中选择"效果"→Clip 选项，如图 11-31 所示。

图 11-31 选择 Clip 选项

（3）弹出 Clip 对话框，在其中设置"目标元素"为"<当前选定内容>"，"效果持续时间"为 3000ms，"可见性"为 hide，即为定义目标对象应用效果后隐藏，"方向"为 vertical，即为垂直夹剪，如图 11-32 所示。设置完毕后单击"确定"按钮。

图 11-32　设置 Clip 属性对话框

（4）完成上面的操作后在"行为"面板中可以看到新增加的行为，单击左侧事件，在下拉列表中选择 onMouseMove，即当鼠标经过图片时将触发效果，如图 11-33 所示。

（5）保存网页和库文件，如图 11-34 所示。

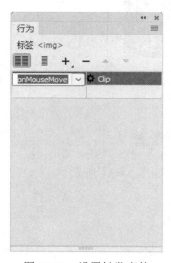

图 11-33　设置触发事件

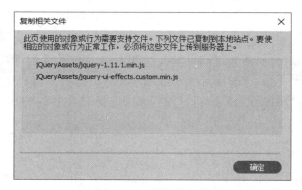

图 11-34　保存库文件

（6）用浏览器打开保存后的页面，当页面完成初始化后，鼠标经过浏览器窗口中的图片时图片向下被剪辑，最后消失。

11.4.6　滑动特效

【实例 6】本例演示当鼠标单击网页中的飞机图片时飞机将会出现向右滑动效果，演示效果如图 11-35 所示。

具体操作步骤如下：

（1）新建页面，插入文件夹 example6 中的图片 airplane.gif。

（2）调整图片大小后选定图片，选择"窗口"→"行为"命令，打开"行为"面板，单击"添加行为"按钮，在列表中选择"效果"→Slide 选项，如图 11-36 所示。

图 11-35　滑动效果

图 11-36　选择 Slide 选项

（3）弹出 Slide 对话框，在其中设置"目标元素"为"<当前选定内容>"，"效果持续时间"为 5000ms，"可见性"为 hide，即为定义目标对象应用效果后隐藏，"方向"为 right，即为向右滑动，"距离"为 100 像素，如图 11-37 所示。设置完毕后单击"确定"按钮。

图 11-37　设置 Slide 属性对话框

（4）完成上面的操作后在"行为"面板中可以看到新增加的行为，单击左侧事件，选择默认的 onClick，即在指定元素上单击时将触发效果，如图 11-38 所示。

（5）保存网页和库文件，如图 11-39 所示。

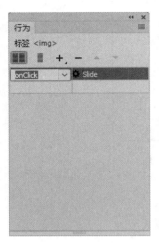

图 11-38　设置触发事件

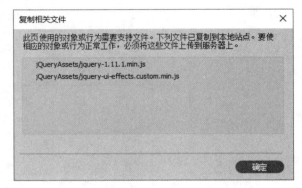

图 11-39　保存库文件

（6）用浏览器打开保存后的页面，当页面完成初始化后，鼠标单击浏览器窗口中飞机图片时飞机将向右滑动，最后消失。

第 12 章　设计动态网页

随着互联网技术的发展，人们对网络功能的需求不断变化，之前静态网页作为单纯的展示网络平台已不适合当下的要求，这时动态网页技术出现了，它以数据库技术为基础，不仅大大降低了网站维护的工作量，还可以实现更多的功能。动态网页技术具有网站与访问者互动、网站实时自动更新页面信息等特点。

本章简要介绍 Dreamweaver 2021 的部分动态网页功能，帮助初学者了解 Dreamweaver 2021 在剪辑动态网页方面的优势，为系统学习制作动态网页奠定基础。

- 认识动态网页。
- 掌握安装和配置 IIS 服务器。
- 制作简单的动态网页。

12.1　认识动态网页

在本书第 1 章中简单介绍了动态网页的概念。动态网页与静态网页的不同之处如下：

（1）文件扩展名不同。静态网页的文件扩展名为.htm 或.html，动态网页的文件扩展名为.aspx、.asp、.jsp、.php、.perl、.cgi 等。

（2）文件解析方式不同。因静态网页没有后台数据库，其打开和浏览仅需浏览器即可，而动态网页则需要通过服务器执行后再返回浏览器打开和浏览。

动态网页的运行原理示意图如图 12-1 所示。

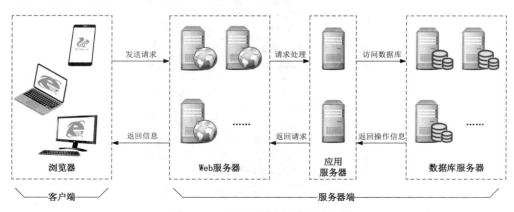

图 12-1　动态网页运行原理示意图

在上面的示意图中，当用户在浏览器地址栏中输入动态网页地址时，浏览器向存放该网页的服务器提出响应请求，Web 服务器接收到请求后，首先查找该网页文件，然后执行网页文件中的程序脚本代码，如果需要访问数据库，则需要提交数据库查询或操作字符串给数据库管理系统，从数据库中获取查询或操作信息返回给 Web 服务器，Web 服务器再将动态网页转换成标准的 HTML 静态网页发送至用户的浏览器窗口中显示。

12.2 搭建服务器环境

IIS（Internet Information Services，IIS）的中文全称为互联网信息服务，是由微软公司基于 Windows 操作系统平台开发的互联网基本服务，因此它仅限于在 Windows 操作系统下运行。

虽然 Windows 操作系统提供了 IIS 组件，但如果要创建动态网页，则还需要在系统中搭建服务器环境，即安装和配置 IIS 组件。下面以 Windows 10 操作系统为例来介绍 IIS 组件的安装和配置过程。

12.2.1 安装 IIS

在 Windows 10 操作系统中，安装 IIS 组件的具体步骤如下：

（1）打开系统的"控制面板"，打开方法有以下两种：

1）单击桌面左下角的"开始"图标，选择"Windows 系统"→"Windows 系统"→"控制面板"选项，如图 12-2 所示。

图 12-2 从"开始"菜单中打开"控制面板"

2）在桌面上右击"此电脑"图标，在弹出的快捷菜单中选择"属性"选项，在弹出的窗口中单击左上角的"控制面板主页"链接，如图 12-3 所示。

图 12-3　从"此电脑"的右键快捷菜单中打开"控制面板"

（2）进入"控制面板"后，选择"程序"或"卸载程序"，单击"启用或关闭 Windows 功能"链接，如图 12-4 所示。

图 12-4　从"程序"中打开"启用或关闭 Windows 功能"链接

（3）弹出"Windows 功能"对话框，如图 12-5 所示，在其中选择 Internet Information Services 选项，如图 12-6 所示。如果是初学者，建议将 Internet Information Services 选项中的所有组件都选中，然后单击"确定"按钮开始安装。Windows 开始下载并安装选中功能的程序，这时要将计算机连接上互联网，下载需要等待几分钟时间，如图 12-7 所示，最后显示"Windows 已完成请求的更改"对话框，说明下载成功并安装，直接单击"关闭"按钮。

图 12-5　打开"Windows 功能"对话框

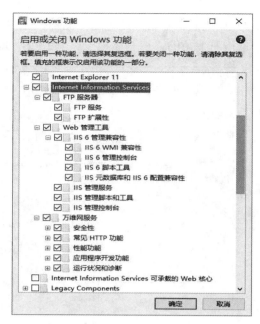

图 12-6　选择 IIS 组件功能

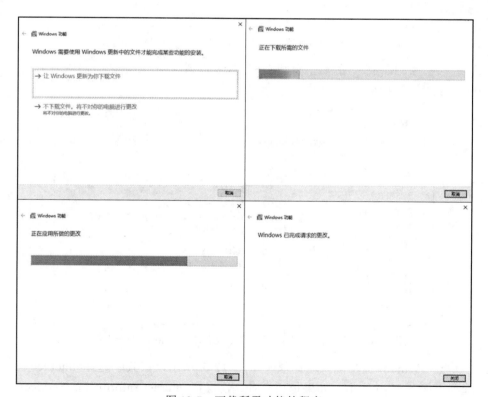

图 12-7　下载所需功能的程序

（4）这时 IIS 已经默认开启了一个网站，启动 IE 浏览器，在地址栏中输入 IP 地址 127.0.0.1 或网址 http://localhost/，如果显示如图 12-8 所示的界面，即表示安装成功。

图 12-8　IIS 安装成功测试界面

12.2.2　配置 IIS

安装 IIS 成功之后，就可以在本地创建 Web 站点，但需要对 IIS 进行配置。下面介绍 IIS 服务器的配置步骤。

（1）打开"管理工具"窗口，打开方法有以下两种：

1）在"控制面板"中单击"系统和安全"，弹出"系统和安全"窗口，如图 12-9 所示，在其中单击"管理工具"，如图 12-11 所示。

图 12-9　从"系统和安全"窗口中打开"管理工具"

2）在"控制面板"窗口的右上角，"查看方式"选择为"大图标"，以大图标的形式显示"控制面板"的所有项目，如图 12-10 所示，在项目列表里选择"管理工具"，如图 12-11 所示。

图 12-10　从"大图标"项目列表中打开"管理工具"

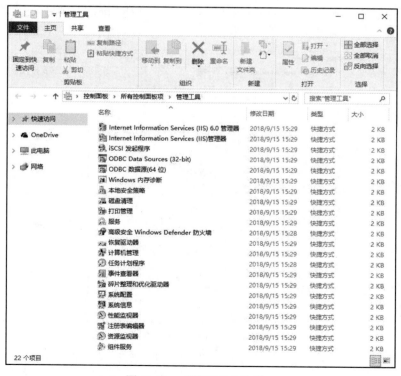

图 12-11　"管理工具"窗口

（2）双击"Internet Information Services（IIS）管理器"打开 IIS 管理器窗口，如图 12-12 所示。

图 12-12　"Internet Information Services（IIS）管理器"窗口

（3）打开左侧的折叠菜单，选择"网站"→Default Web Site，右侧显示的是 Default Web Site 主页内容，在其中可以配置各种服务器信息，如图 12-13 所示。

图 12-13　打开 Default Web Site 主页

（4）在"Default Web Site 主页"窗口右侧单击"绑定"，弹出"网站绑定"对话框，如图 12-14 所示，在其中可以对网站 IP 地址和端口进行设置。选定网站后单击"编辑"按钮，弹出"编辑网站绑定"对话框，在其中可以对网站 IP 地址、端口和主机名进行更改，如图 12-15 所示。一般情况下，如果本地只创建一个网站，建议不要改动默认设置。

图 12-14　"网站绑定"对话框

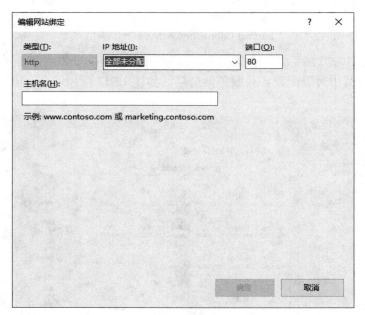

图 12-15　"编辑网站绑定"对话框

（5）在"Default Web Site 主页"窗口右侧单击"基本设置"，弹出"编辑网站"对话框，如图 12-16 所示，在其中可以对网站名称、物理路径等进行设置。默认情况下，网站名称为 Default Web Site，网站的物理路径为 C:\inetpub\wwwroot。在"物理路径"文本框中输入 F:\mysite，或通过右侧 **…** 按钮进行路径添加，如果把网站存储在该目录下，服务器能够自动识别并打开网页。

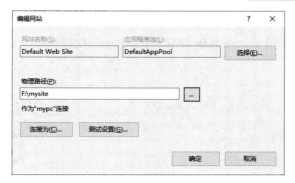

图 12-16　"编辑网站"对话框

（6）单击"连接为"按钮，弹出如图 12-17 所示的"连接为"对话框，在其中选中"特定用户"单选项，然后单击"设置"按钮，弹出"设置凭据"对话框，在其中输入主机系统管理员的用户名和密码，否则无权访问硬盘分区，如图 12-18 所示。

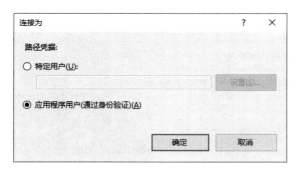

图 12-17　"连接为"对话框

图 12-18　"设置凭据"对话框

（7）输入用户名和密码后单击"确定"按钮保存设置并返回到"编辑网站"对话框中，单击"测试设置"按钮，弹出"测试连接"对话框，如图 12-19 所示，可以看到"身份验证"和"授权"两项已通过检测。

图 12-19　"测试连接"对话框

（8）返回"Default Web Site 主页"窗口，在 IIS 区域双击"身份验证"图标打开"身份验证"窗口，如图 12-20 所示。在其中右击"Windows 身份验证"，在弹出的快捷菜单中选择"启用"选项。

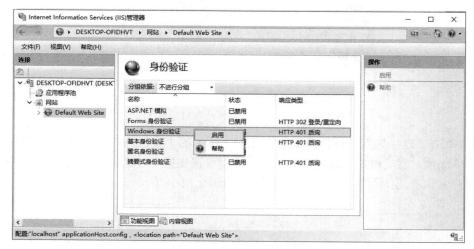

图 12-20　"身份验证"窗口

设置完成后单击左侧的"网站"，右边侧窗格显示如图 12-21 所示。

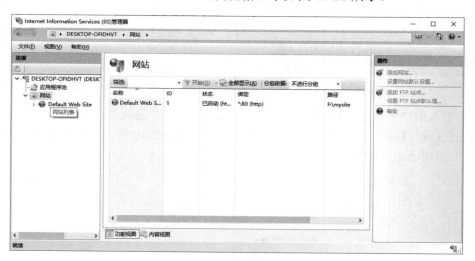

图 12-21　网站配置信息

12.2.3　定义用户权限

为了允许任何访问用户对网站进行读写操作，还需要对站点的用户权限进行设置。定义用户权限的操作步骤如下：

（1）在"Internet Information Services（IIS）管理器"左侧窗格中右击 Default Web Site 选项，在弹出的快捷菜单中选择"编辑权限"选项，如图 12-22 所示；或者单击"Default Web Site 主页"右上侧的"编辑权限"命令，弹出"mysite 属性"对话框。

图 12-22 "Default Web Site"的右键快捷菜单

（2）在"mysite 属性"对话框中，单击"安全"选项，再单击"编辑"按钮，弹出"mysite 的权限"对话框，如图 12-23 所示。

（3）单击"添加"按钮，弹出"选择用户或组"对话框，在"输入对象名称来选择"文本框中输入 Everyone，然后单击"确定"按钮，如图 12-24 所示。

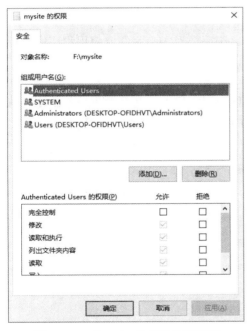

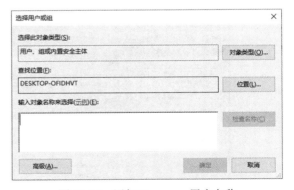

图 12-23 "mysite 的权限"对话框　　　　图 12-24 添加 Everyone 用户名称

（4）返回"mysite 的权限"对话框，在"组或用户名"列表框中可以看到刚才添加的用户 Everyone，选择该用户名，将"Everyone 的权限"列表框中的选项全部勾选为"允许"，然后单击"确定"按钮，如图 12-25 所示。

（5）返回"mysite 属性"对话框，在"组或用户名"列表框中可以看到新增加的用户 Everyone 及其权限，单击"确定"按钮完成用户权限的定义，如图 12-26 所示。

图 12-25 设置 Everyone 的权限　　　　　　图 12-26 完成用户权限定义

12.2.4 设置应用池

IIS 管理器功能开启后，如果要进行网站的发布，则需要对 IIS 服务器应用程序池进行配置，然后才能发布我们的网站。

配置 IIS 服务器应用程序池的操作步骤如下：

（1）在"Internet Information Services（IIS）管理器"窗口中打开左侧折叠菜单即可看到"应用程序池"，选中"应用程序池"，如图 12-27 所示。

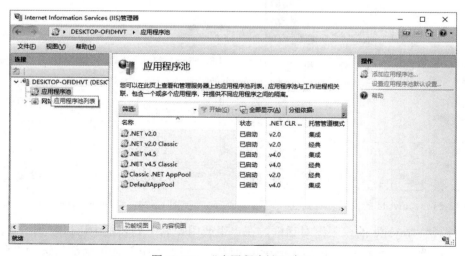

图 12-27　"应用程序池"窗口

（2）单击右上角的"设置应用程序池默认设置"命令，弹出"应用程序池默认设置"对话框，如图 12-28 所示。

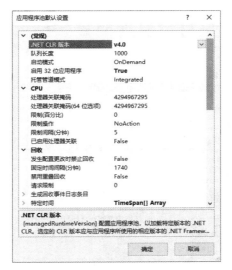

图 12-28 "应用程序池默认设置"对话框

（3）将"启用 32 位应用程序"的值设为 True，单击"确定"按钮完成应用程序池的设置。

12.2.5 配置 ASP 应用程序

为了方便本地调试，还需要对 ASP 进行相关设置。例如，在调试网页时显示错误的信息。此外，大部分的 ASP 动态网站程序使用了父路径，如代码../conn/db.asp，其中".."表示上层目录。而 IIS 的父路径一般是默认禁用，禁用时不允许使用".."方式访问父路径，需要将"启用父路径"的值设置为 True 后才能访问，否则预览网站时会出现"HTTP 500 -内部服务器错误"提示。

（1）在"Internet Information Services（IIS）管理器"窗口左侧折叠菜单中选择 Default Web Site 进入"Default Web Site 主页"，在 IIS 区域中，双击 ASP 图标打开 ASP 设置窗口，如图 12-29 所示。

图 12-29 ASP 设置窗口

（2）在 ASP 窗口中，单击"调试属性"，在下拉列表中将"将错误发送至浏览器"的值设置为 True，如图 12-30 所示。

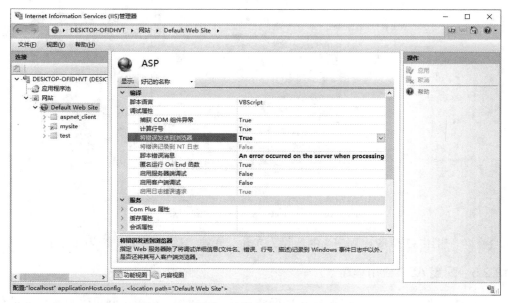

图 12-30　设置"将错误发送至浏览器"的值

（3）返回 ASP 窗口，单击"行为"，在下拉列表中将"启用父路径"的值设置为 True，如图 12-31 所示。

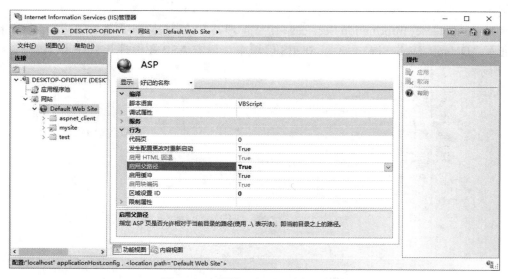

图 12-31　设置"启用父路径"的值

（4）单击 ASP 窗口右上角的"应用"命令，如图 12-32 所示，会显示"已成功保存更改"。至此，完成"ASP 应用程序"的设置，关闭窗口，退出"IIS 管理器"窗口。

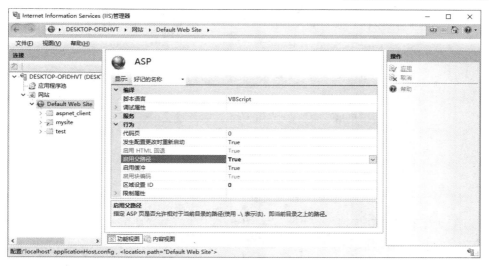

图 12-32　应用 ASP 设置

12.3　创建数据库

在创建动态网站之前，先要设计好数据库，下面以 SQL 为例简单介绍数据的库创建过程。

12.3.1　创建数据库表

创建一个后台登录的数据库表。具体的操作方法如下：

（1）选择"开始"→Microsoft SQL Server Tools 18→Microsoft SQL Server Management Studio 18 命令打开数据库管理软件，如图 12-33 所示。

图 12-33　打开数据库管理软件

（2）在"连接到服务器"对话框中单击"连接"按钮，如图 12-34 所示。

图 12-34　"连接到服务器"对话框

（3）在"对象资源管理器"面板中右击"数据库"，在弹出的快捷菜单中选择"新建数据库"选项，如图 12-35 所示。

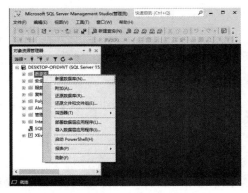

图 12-35　新建数据库

（4）弹出"新建数据库"对话框，在其中将"数据库名称"设为 mydata，如图 12-36 所示，单击"确定"按钮，这时在"对象资源管理器"面板的"数据库"下拉列表中可以看到刚才新建的数据库 mydata。

图 12-36　设置数据库名称

（5）打开数据库 mydata 的列表，右击"表"，在弹出的快捷菜单中选择"新建"→"表"选项，新建一个数据库表，如图 12-37 所示。

图 12-37　新建数据库表

（6）在新建数据库表的在第 1 列第 1 行单元格中输入单词 id，设置"数据类型"为 int，不勾选"允许 Null 值"选项。将光标定位在第 1 列第 1 行单元格中，在下面的"列属性"框中，单击"标识规范"左侧的">"图标，打开下拉列表，将"（是标识）"选择为"是"。在第 1 列的第 2、3 行单元格中依次输入单词 adminname 和 adminpass，并将它们的"数据类型"设置为 nvarchar(50)，勾选"允许 Null 值"选项，如图 12-38 所示。

（7）将 id 设为主键，如图 12-39 所示。

图 12-38　设置表内容

图 12-39　设置 id 为主键

（8）关闭数据库表，弹出保存对话框，如图 12-40 所示，单击"是"按钮，在弹出的"选择名称"对话框中将表名称设为 admin_biao，然后单击"确定"按钮保存，如图 12-41 所示。

图 12-40　保存提示信息　　　　　　　　图 12-41　设置表名称

（9）选择"视图"→"对象资源管理器详细信息"命令，在"对象资源管理器详细信息"窗格空白处右击并选择"刷新"选项，可以看到刚才新建的数据库表，如图 12-42 所示。

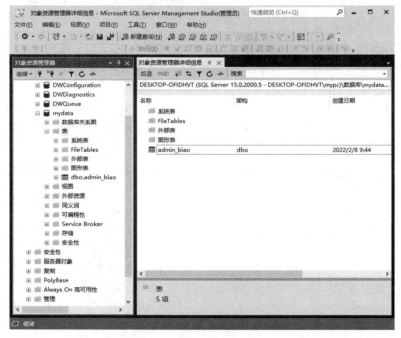

图 12-42　在"对象资源管理器详细信息"窗格中查看新建的数据库表

12.3.2　启用 sa 账号和更改身份验证模式

启用 sa 账号的操作步骤如下：

（1）打开数据库系统后，在"对象资源管理器"窗口中选择"安全性"→"登录名"选项，我们会看到 sa 账号显示有红色的"×"，表示还未启用 sa 账号，如图 12-43 所示。

图 12-43　查看 sa 账号是否启用

（2）在 sa 账号上右击并选择"属性"选项，弹出"登录属性-sa"对话框，在左侧选中"常规"选项卡，然后在"密码"和"确认密码"文本框中均输入 123456，取消勾选"强制实施密码策略"复选项，如图 12-44 所示。切换至"状态"选项卡，在"登录名"区域选中"启用"单选项，如图 12-45 所示，单击"确定"按钮退出"登录属性-sa"对话框。

图 12-44　设置 sa 密码

图 12-45　启用登录名

这时 sa 账号前红色的"×"已消失，表示 sa 账号已启用，如图 12-46 所示。

（3）设置服务器的身份认证模式为"SQL Server 和 Windows 身份验证"。在"对象资源管理器"面板中右击服务器并选择"属性"选项，如图 12-47 所示。

图 12-46　sa 账号已启用

图 12-47　设置服务器属性

（4）弹出"服务器属性"对话框，在"选择页"栏中单击"安全性"，将"服务器身份验证"选择为"SQL Server 和 Windows 身份验证模式"，然后单击"确定"按钮，如图 12-48 所示。

图 12-48　设置服务器身份验证模式

（5）弹出提示信息对话框，单击"确定"按钮，如图 12-49 所示。

图 12-49　提示信息

（6）重新启动服务器，右击服务器并选择"重新启动"选项，如图 12-50 所示。

图 12-50　重新启动服务器

（7）弹出提示信息对话框，单击"是"按钮，如图 12-51 所示。

图 12-51　提示信息对话框

（8）测试 sa 账号，关闭数据库系统后重新打开数据库系统，在"连接到服务器"对话框的"服务器名称"文本框中输入"."，表示"本机"，在"身份验证"下拉列表框中选择"SQL Server 身份验证"，输入登录名为 sa，密码为 123456，然后单击"连接"按钮，如图 12-52 所示。

图 12-52　更改身份验证模式登录

（9）进入系统后，查看"对象资源管理器"中的服务器名是否如图 12-53 所示，若一致，则说明数据库已成功登录。至此，数据库已创建好，关闭数据库软件。

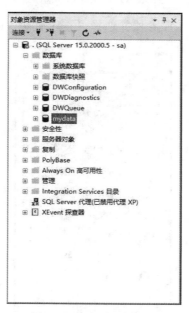

图 12-53　查看服务器名

12.3.3 编辑数据库表

编辑数据库表的具体操作步骤如下：

（1）右击数据库表 dbo.admin_biao 并选择"编辑前 200 行"选项，如图 12-54 所示。

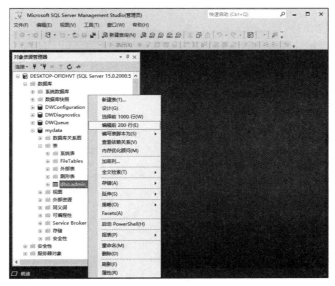

图 12-54 数据库表右键快捷菜单

（2）在编辑窗口中，将光标定位在 adminname 下面的单元格中，输入要保存的账号 jy，然后将光标定位在 adminpass 下面的单元格中，输入要保存的密码 jy。用同样的方法，在 adminname 下面的第二个单元格中输入要保存的账号 jsj，在 adminpass 下面第二个单元格中输入要保存的密码 jsj。注意，id 列的数据是自动生成的，不用添加。输入完成后的结果如图 12-55 所示。

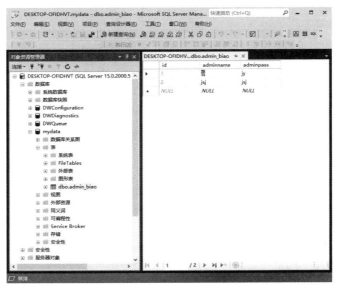

图 12-55 输入账号和密码

（3）检查数据库系统是否启动，在"对象资源管理器"面板中查看服务器图标是否为绿色，如果是，说明已启动，可关闭数据库管理软件，否则需要重新启动数据库系统。

12.4 创建本地源数据库

创建本地源数据库的操作步骤如下：

（1）在"控制面板"中选择"系统和安全"→"管理工具"选项，双击文件"ODBC 数据源（64 位）"，弹出"ODBC 数据源（64 位）"对话框，单击"系统 DSN"选项卡，再单击"添加"按钮，弹出"创建新数据源"对话框，选择需要安装数据源的驱动程序，如 SQL Server，然后单击"完成"按钮，如图 12-56 所示。

（2）弹出"创建到 SQL Server 的新数据源"对话框，在"名称"文本框中输入 mydata，在"服务器"文本框中输入 127.0.0.1，单击"下一步"按钮，如图 12-57 所示。

图 12-56 创建新数据源

图 12-57 设置数据源名称和服务器

（3）选中"使用用户输入登录 ID 和密码的 SQL Server 验证"单选项，在"登录 ID"文本框中输入 sa，在"密码"文本框输入 123456，然后单击"下一页"按钮，如图 12-58 所示。

（4）在"更改默认的数据库为"下拉列表框中选择 mydata，单击"下一页"按钮，如图 12-59 所示。

图 12-58 设置登录 ID

图 12-59 更改默认的数据库

（5）保持默认设置，单击"完成"按钮，如图 12-60 所示。

图 12-60　数据源设置完成

（6）测试数据源。单击"测试数据源"按钮，如图 12-61 所示，若弹出图 12-62 所示的对话框则说明数据源创建成功，单击"确定"按钮退出数据源设置。

　　图 12-61　测试提示对话框　　　　　　　　　图 12-62　测试成功对话框

（7）这时可以在"ODBC 数据源管理程序（64 位）"对话框的"系统数据源"列表框中可以看到 mydata 数据库，如图 12-63 所示，单击"确定"按钮完成数据源创建。

图 12-63　数据源已添加到列表

12.5 创建动态网页

12.5.1 新建站点

在制作动态网页之前，先来新建一个站点，操作步骤如下：

（1）在 Dreamweaver 软件中选择"站点"→"新建站点"命令，弹出"站点设置对象"对话框，如图 12-64 所示。

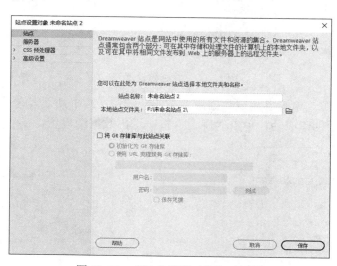

图 12-64　"站点设置对象"对话框

（2）在"站点名称"文本框中输入 test，单击"本地站点文件夹"右侧的"文件夹"图标 📁，选择站点存放的文件夹，这里选择保存在 F:\mysite\中，然后单击"保存"按钮，如图 12-65 所示。

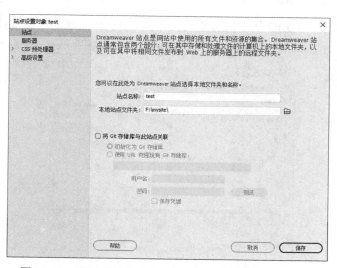

图 12-65　设置"站点名称"及"本地站点文件夹"路径

（3）在对话框左侧单击"服务器"弹出"服务器设置"界面，如图 12-66 所示。

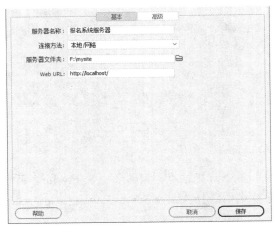

图 12-66 站点服务器设置

（4）单击 ➕ 按钮添加服务器，在弹出的对话框中设置"服务器名称"和"连接方法"："服务器名称"可自行设置，如设为"报名系统服务器"；在"连接方法"下拉列表框中选择"本地/网络"；然后单击"服务器文件夹"右侧的"文件夹"图标 📁，将"服务器文件夹"路径设在站点目录下，即 F:\mysite；将 Web URL 设为 http://localhost/或 http://127.0.0.1/，如图 12-67 所示。

（5）选择"高级"选项卡，在"服务器模型"下拉列表框中选择 ASP VBScript，如图 12-68 所示。

图 12-67 设置服务器基本信息

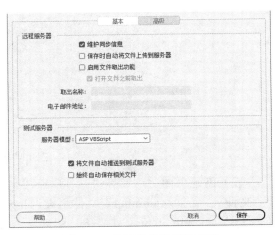

图 12-68 设置服务器高级信息

（6）单击"保存"按钮，可在"站点设置对象 test"对话框的"服务器"界面中看到设置的服务器，选中"测试"单选项，然后单击"保存"按钮，如图 12-69 所示。

（7）系统将弹出如图 12-70 所示的提示信息对话框，单击"确定"按钮。

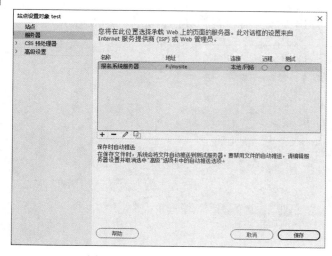

图 12-69　选中"测试"单选项

图 12-70　提示信息对话框

12.5.2　新建网页

新建网页的具体操作步骤如下：

（1）在 Dreamweaver 中选择"文件"→"新建"命令，弹出"新建文档"对话框，网页"标题"设为"后台登录"，单击"创建"按钮，如图 12-71 所示。

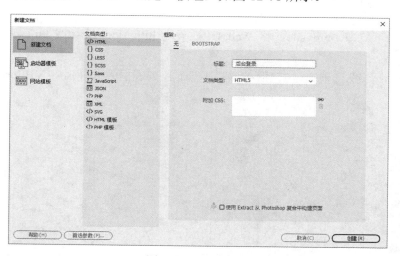

图 12-71　新建页面

（2）创建页面后，选择"文件"→"另存为"命令，在站点根目录下（F:\mysite）新建一个文件夹，命名为 admin_ht，文件名设为 login，保存类型选择 Active Server Pages(*.asp;*.asa)。将文件保存在 admin_ht 文件夹下，然后单击"保存"按钮，如图 12-72 所示。

（3）定位在页面首行，选择"插入"→"表单"→"表单"命令，插入一个表单。在"插入"面板中单击 Table 按钮插入表格，在弹出的 Table 对话框中，将"行数"设为 4，"列"设为 2，"表格宽度"设为 300 像素，"边框粗细"设为 1 像素，"单元格边距"设为 6，"单元格间距"设为 0，"标题"设为"无"，然后点击"确定"按钮，如图 12-73 所示。

图 12-72　保存新建网页　　　　　　　图 12-73　设置 Table 参数

（4）选中表格，在表格的"属性"面板中将 Align 设为"居中对齐"。

（5）合并第一行和第四行单元格。

（6）将光标定位在表格第一行，输入文字"后台登录界面"，选择文字，在"属性"面板中将文字设为居中对齐。

（7）将光标定位在第一列第二行，输入文字"账号："，然后将光标定位在第一列第三行，输入文字"密码："。

（8）将光标定位在第二列第二行，选择"插入"→"表单"→"文本"命令，选中 Text Field:并将其删除。

（9）将光标定位在第二列第三行，选择"插入"→"表单"→"密码"命令，选中 Password:并将其删除。

（10）按住 Ctrl 键，单击第四行单元格选中该单元格，在"属性"面板的 CSS 选项卡中将"居中方式"设为居中对齐。将光标定位在表格第四行，选择"插入"→"表单"→"提交按钮"命令，选中"提交"按钮，在"属性"面板中将 Value 改为"登录"。将光标定位在"提交"按钮后，选择"插入"→HTML→"不换行空格"命令，再次执行一次同样的操作，然后选择"插入"→"表单"→""重置"按钮"命令。

以上操作完成后页面如图 12-74 所示。

图 12-74　后台登录界面设计效果

（11）选中第二列第二行的文本框，在"属性"面板中，将 Name 更改为 adminname。选中第二列第三行的密码框，在"属性"面板中，将 Name 更改为 adminpass。

（12）在"服务器行为"面板中（如图 12-75 所示），单击 ➕ 按钮，在下拉列表中选择

"用户身份验证"→"登录用户"选项。

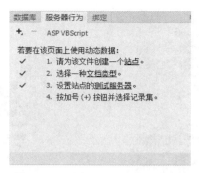

图 12-75　选择"登录用户"选项

（13）弹出"登录用户"对话框，第一部分不用修改；第二部分中的"使用连接验证"选择为 conn，"表格"选择为 dbo.admin_biao，"用户名列"选择为 adminname，"密码列"选择为 adminpass；第三部分中，单击"如果登录成功，转到"右侧的"浏览"按钮进入根目录，选择 index.asp 页面，单击"如果登录失败，转到"右侧的"浏览"按钮进入根目录，选择 error.asp 页面；在第四部分中选中"用户名和密码"单选项。设置完毕后单击"确定"按钮，如图 12-76 所示。

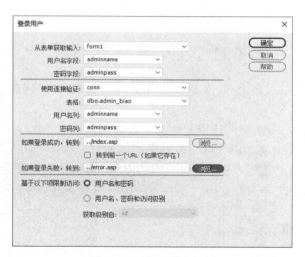

图 12-76　登录用户设置

（14）按 F12 功能键预览网页，弹出保存提示信息，如图 12-77 所示，单击"是"按钮进行保存。

图 12-77　保存信息提示

（15）预览页面，如图 12-78 所示。

图 12-78　预览登录界面

12.5.3　添加"服务器行为"和"数据库"面板

如果 Dreamweaver 已有服务器行为面板和数据库面板，则跳过本节内容。如图 12-79 所示，在"窗口"下拉菜单中查看是否有"数据库""绑定""服务器行为"等命令，如果没有则需要添加。

图 12-79　"窗口"下拉菜单

Dreamweaver 是网站开发者非常喜欢使用的一个工具，可惜的是，在 Dreamweaver CC 以后的版本中，它不再提供开发动态网站所需要的"服务器行为"面板、"数据库"面板和"绑定"面板等，需要借助另外的插件来添加"服务器行为"面板和"数据库"面板，具体操作步骤如下：

（1）下载 DMXzone Extension Manager 并安装。

（2）通过 DMXzone Extension Manager 安装插件 Enable Server Behaviors and Data

Bindings Panel Support for Dreamweaver CC+。

以上软件和插件可在 https://www.dmxzone.com 官网中下载。

12.5.4 连接数据库

使 login.asp 页面与数据库相连，具体操作步骤如下：

（1）在 Dreamweaver 中打开 login.asp 页面，选择"窗口"→"数据库"命令，弹出"数据库"浮动面板，在其中单击 **+** 按钮，在下拉列表中选择"自定义连接字符串"选项，如图 12-80 所示。

图 12-80　选择数据源

（2）弹出"自定义连接字符串"对话框，在"连接名称"文本框中输入 conn，在"连接字符串"文本框中输入如下代码：

```
"Provider=SQLOLEDB;Persist Security Info=False;
DATABASE=mydata;Data Source=127.0.0.1;UID=sa;PWD=123456"
```

在"Dreamweaver 应连接"区域选中"使用此计算机上的驱动程序"单选项，单击"测试"按钮，弹出提示信息对话框，如图 12-82 所示，单击"确定"按钮。

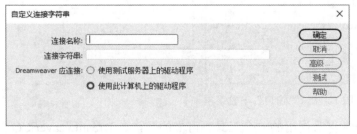
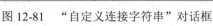

图 12-81　"自定义连接字符串"对话框

图 12-82　提示信息对话框

（3）在"数据库"面板中可以看到添加的数据库 conn，展开 conn 列表，可以看到数据库表 dbo.admin_biao，如图 12-83 所示。

（4）选中数据库表，右击并选择"查看数据"选项，如图 12-84 所示，可以看到在数据库系统里创建的信息，如图 12-85 所示。

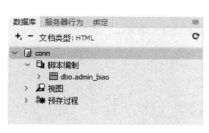

图 12-83　添加的数据库

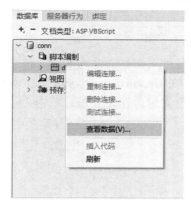

图 12-84　查看数据库数据

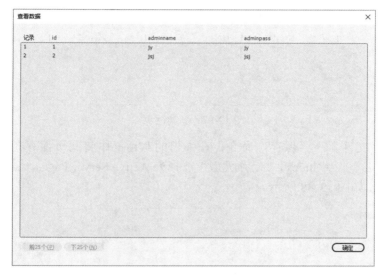

图 12-85　数据库信息

（5）在浏览器中输入网址 http://localhost/admin_ht/login.asp，在"账号名"和"密码"文本框中分别输入数据库表中的账号和密码，单击"登录"按钮进入 index.asp 页面。确保 index.asp 页面已保存在根目录下，否则浏览器会提示找不到这个页面。如图 12-86 所示是已保存好的 index.asp 页面。

图 12-86　index.asp 页面

12.5.5 制作登录页面

制作登录页面并命名为 idex.asp，操作步骤如下：

（1）在 Dreamweaver 软件中选择"文件"→"新建"命令，弹出"新建文档"对话框，"标题"设为后台管理系统，单击"创建"按钮，如图 12-87 所示。

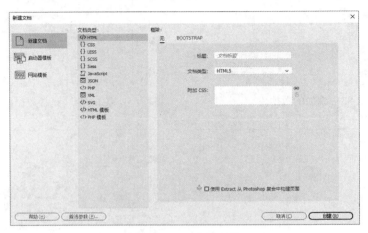

图 12-87　新建网页

（2）选择"文件"→"保存"命令，在弹出的对话框中将网页保存在站点目录下，即 F:\mysite；"文件名"设为 index，"保存类型"选择为 Active Server Pages(*.asp;*.asa)，然后单击"保存"按钮，如图 12-88 所示。

图 12-88　保存网页文件

（3）在"文档"窗口中将光标定位在第一行，选择"插入"→Table 命令，弹出 Table 对话框，设置"行数"为 1，"列"为 1，"表格宽度"为 600 像素，"边框粗细"、"单元格边距"和"单元格间距"均为 0，"标题"设为无，然后单击"确定"按钮，如图 12-89 所示。

图 12-89　插入表格

（4）设置表格高度。将光标定位在表格内，在"属性"面板中将表格的"高"设为 150，如图 12-90 所示。

图 12-90　设置表格高度

（5）选中表格，在"属性"面板的 Align 下拉列表框中选择"居中对齐"，如图 12-91 所示。

图 12-91　设置表格对方方式

（6）设置表格背景图。插入表格后，切换到"代码"窗口，将光标定位到<table>代码行的">"前面，按 Enter 键，在弹出的菜单中选择 background，然后单击"浏览"按钮，选择站点目录 images 文件夹中的 top.jpg 图片，然后在"属性"面板中单击"刷新"按钮。设置完成后效果如图 12-92 所示。

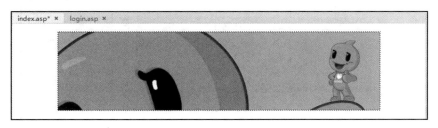

图 12-92　设置表格背景图

（7）在表格后面按 Enter 键换行，输入文字"欢迎进入后台管理系统……"，选定文字，在"属性"面板中，设定对齐方式为居中对齐。

（8）将光标定位在"欢迎"的后面，点击"绑定"面板中的 **+** 按钮，在下拉列表中选择"阶段变量"选项，如图 12-93 所示。

（9）弹出"阶段变量"对话框，在"名称"文本框中输入 MM_Username，单击"确定"按钮，如图 12-94 所示。

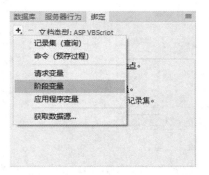
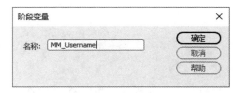

图 12-93　选择"阶段变量"选项　　　　图 12-94　"阶段变量"对话框

（10）返回到"绑定"面板中，可以看到新添加的阶段变量 MM_Use，如图 12-95 所示。单击 MM_Use 并拖动到"欢迎"的后面，"欢迎"后面会自动增加语句{Session.MM_Username}，如图 12-96 所示。

图 12-95　新添加的阶段变量

图 12-96　将阶段变量拖至文档中

（11）保存网页。在 IE 浏览器中输入网址 http://localhost/admin_ht/login.asp，用设置的账号和密码登录，系统将跳转至 index.asp 页面，如图 12-86 所示。至此，index.asp 页面创建完成。

12.5.6　制作重新登录页面

如果输入错误的账号和密码，则会跳转至重新登录页面，该页面命名为 error.asp，操作步骤如下：

（1）在 Dreamweaver 软件中，选择"文件"→"新建"命令，弹出"新建文档"对话框，在"标题"文本框中输入"重新登录"，单击"创建"按钮，如图 12-97 所示。

图 12-97　新建网页

（2）选择"文件"→"保存"命令，在弹出的对话框中将网页保存在站点目录下，即 F:\mysite，"文件名"设为 error，"保存类型"选择为 Active Server Pages(*.asp;*.asa)，然后单击"保存"按钮，如图 12-98 所示。

图 12-98　保存网页文件

（3）在"文档"窗口中，输入文字"登录名和密码错误！请重新登录"，选择文字"请重新登录"，在"属性"面板的 HTML 选项卡中选中"指向文件"图标并拖动至 login.asp 文件上将"请重新登录"链接至 login.asp 文件，如图 12-99 所示。

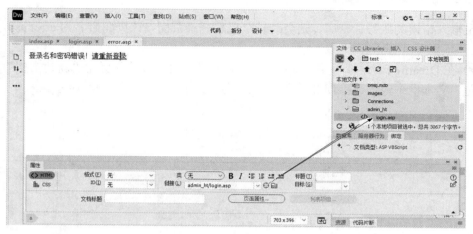

图 12-99　链接文件

（4）保存文件。在 IE 浏览器中输入网址 http://localhost/admin_ht/login.asp，用错误的账号和密码登录，系统将跳转至 error.asp 页面，如图 12-100 所示。如果单击"请重新登录"文字，将跳转至 login.asp 页面。至此，error.asp 页面创建完成。

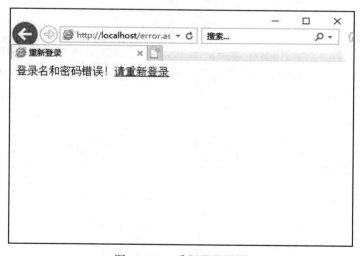

图 12-100　重新登录界面

第 13 章　网站制作综合实例（一）

本章导读

　　电子商务类的网站是当前众多网站中较为流行的一种，其中心是商品，所以页面的内容要以商品为中心，突出商品的优势。在布局上要以鲜明的图像处理、合理的布局形式来帮助浏览者快速找到商品。

本章要点

- 插入和控制 Div 元素。
- 插入表单元素。
- 使用 CSS 控制表单。

【例 13.1】根据提供的素材制作如图 13-1 所示的电子商务类网站。

图 13-1　网页最终效果

13.1   建站分析

电子商务类网站的制作核心在于清楚显示商品的导航栏、图像和名称等，最终吸引用户购买商品。电子商务类网站的中心是商品，为了使商品看起来美观，需要进行合理的布局和使用鲜明的商品图像。

通常，制作电子商务类网站要注意以下基本原则：

（1）内容原则：电子商务类网站一定要以商品为中心，突出商品的优势，吸引浏览者的注意。

（2）色彩原则：电子商务类网站通常使用红色和黄色等暖色调颜色，或蓝色和草绿色等冷色色调颜色。红色和黄色等温暖的颜色能给人明亮的印象，可以唤起人们的购买欲望，而恰当使用蓝色和草绿色等冷色调则能给人信赖和安定的感觉。

（3）构图原则：图像结构简洁明了，为了突出商品的信息，要运用对比鲜明的颜色。

（4）整体原则：一切以用户的快捷便利为中心，即要求能让用户快速地找到商品并查看商品的相关信息，同时还需要提供购物车等购物项目，为用户提供购物的便利性。

13.2   建站步骤

1. 建立站点

（1）选择"站点"→"新建站点"命令，弹出"站点设置对象"对话框，设置站点名称为"电子商务"，站点文件夹为 d:\gouwu，如图 13-2 所示。

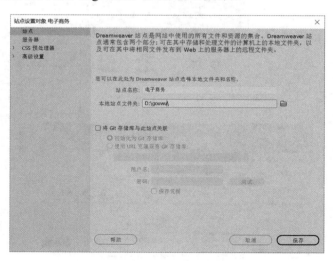

图 13-2   设置站点

根据需要把网站首页划分为四个区域：页面顶部区（top 区）、主体区（main 区）、中间区域（center 区）和底部区域（bottom 区），下面依次介绍各个区域的制作步骤。

2. 制作页面顶部

（1）选择"文件"→"新建"命令，弹出如图 13-3 所示的"新建文档"对话框，新建文档类型为 HTML 的空白页面并保存到 d:\gouwu\index.html。

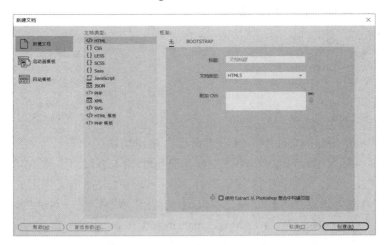

图 13-3　"新建文档"对话框

（2）创建两个外部 CSS 样式表文件，保存到 d:\gouwu\style\css.css 和 d:\gouwu\style\div.css。

（3）回到 index.html 网页，选择"窗口"→"CSS 设计器"命令打开"CSS 设计器"面板，单击"源"区域中的"添加 CSS 源"按钮，在列表中选择"附加现有的 CSS 文件"单选项，如图 13-4 所示，弹出"使用现有的 CSS 文件"对话框，把 css.css 和 div.css 两个外部样式表文件链接进来，如图 13-5 所示。

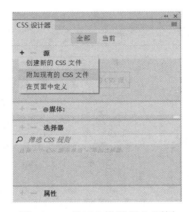

图 13-4　"CSS 设计器"面板

图 13-5　"使用现有的 CSS 文件"对话框

（4）切换到 css.css 文件中，创建一个名称为 body 的 CSS 规则，如图 13-6 所示，再创建一个名称为*的 CSS 规则，如图 13-7 所示。

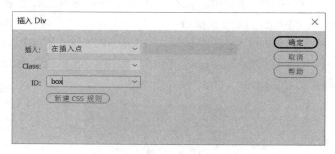

```
▼ body {
      font-family: "宋体";
      font-size: 12px;
   }
```

图 13-6　body 的 CSS 代码

```
* {
      padding: 0px;
      border: 0px;
      margin: 0px;
}
```

图 13-7　*的 CSS 代码

（5）返回到 index.html 文件中，单击"设计"按钮切换到"设计"视图；选择"插入"→Div 命令，弹出"插入 Div"对话框；在 ID 组合框中输入 box，如图 13-8 所示，单击"新建 CSS 规则"按钮，弹出"新建 CSS 规则"对话框；设置"选择定义规则的位置"为 div.css，如图 13-9 所示，单击"确定"按钮，弹出"#box 的 CSS 规则定义"对话框，选择"方框"分类，设置 width 为 940px，height 为 1240px，margin-left 和 margin-right 为 auto，如图 13-10 所示；单击"确定"按钮回到"插入 Div"对话框，再单击"确定"按钮，在文件中插入名称为box、高度为 1240 像素、宽度为 940 像素的 Div，效果如图 13-11 所示。

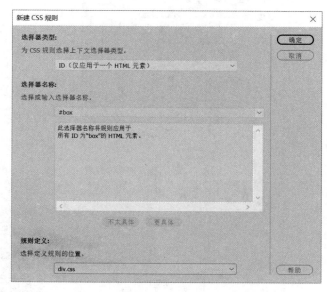

图 13-8　"插入 Div"对话框

图 13-9　"新建 CSS 规则"对话框

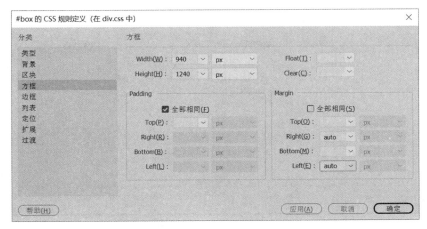

图 13-10　"#box 的 CSS 规则定义"对话框

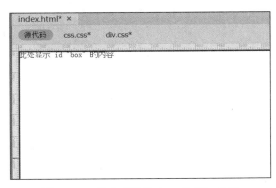

图 13-11　输入名称为 box 的 Div 效果

（6）将 box 层中的文字内容删除，然后在 box 层中插入 top 层，选择"插入"→Div 命令，弹出"插入 Div"对话框，在 ID 组合框中输入 top，单击"确定"按钮，切换到 div.css 文件，创建#top 的 CSS 规则，如图 13-12 所示，返回"设计"视图中查看页面效果，如图 13-13 所示。第 5 步设置 box 层和第 6 步设置 top 层的方法是设置 Div 属性的两种方法，可根据需要选用其中一种。

```
▼ #top{
       width:940px;
       height:102px;
  }
```

图 13-12　top 层的 CSS 代码

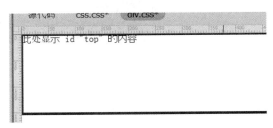

图 13-13　应用 CSS 规则的 top 层效果

（7）将 top 层中的文本内容删除，然后在 top 层中输入 top1 层。切换到 div.css 文件，创建一个名称为#top1 的 CSS 规则，如图 13-14 所示，页面效果如图 13-15 所示。

（8）将 top1 层中的文字内容删除，然后在页面中输入"我的购物车 | 登录 | 注册 | 帮助"文字，效果如图 13-16 所示。

```
▼ #top1 {
    width: 875px;
    height: 16px;
    text-align: right;
    background-image: url(../image/24102.gif);
    background-repeat: no-repeat;
    padding-right: 65px;
    padding-top: 40px;
    color: #333;
}
```

图 13-14　top1 层的 CSS 代码

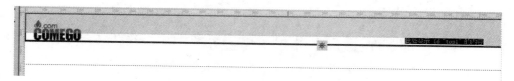

图 13-15　插入 top1 层

图 13-16　页面效果

（9）在 top1 层后插入 top2 层，选择"插入"→Div 命令，弹出"插入 Div"对话框，在"插入"组合框中选择"在标签后"，在右侧选择"<div id="top1">"，在 ID 组合框中输入 top2，如图 13-17 所示，单击"确定"按钮。切换到 div.css 文件中，创建一个名称为#top2 的 CSS 规则，如图 13-18 所示。

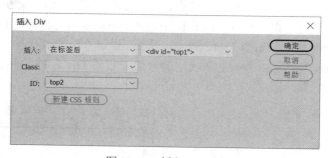

图 13-17　插入 top2 层

```
▼ #top2 {
    width: 940px;
    height: 46px;
    background-image: url(../image/24101.gif);
    background-repeat: repeat-x;
}
```

图 13-18　top2 层的 CSS 代码

（10）将 top2 层中的文字删除，选择"插入"→Div 命令，弹出"插入 Div"对话框，在

"插入"组合框中选择"在标签开始之后"，在右侧选择"<div id="top2">"，在 ID 组合框中输入 top2-1，如图 13-19 所示，单击"确定"按钮，在 top2 层中插入 top2-1 层。切换到 div.css 文件中，创建一个名称为#top2-1 的 CSS 规则，如图 13-20 所示。

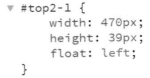

图 13-19　插入 top2-1 层　　　　　　　　图 13-20　top2-1 层的 CSS 代码

（11）将 top2-1 层中的文字删除，选择"插入"→"表单"→"表单"命令，在 top2-1 层中插入一个表单域，将光标移至红色虚线框的表单内，选择"插入"→"表单"→"单选按钮"命令，插入单选按钮，将文字改为"站内商品搜索"。使用相同的方法在其后再次插入一个按钮，并输入相应的文本，效果如图 13-21 所示。

图 13-21　插入单选按钮后的效果

（12）将光标定位在"全球商品搜索"文字之后，选择"插入"→"表单"→"文本"命令，插入文本框。

（13）将光标定位于文本框之后，选择"插入"→"表单"→"图像按钮"命令，弹出"选择图像源文件"对话框，如图 13-22 所示，选择 image\24137.gif 图像，单击"确定"按钮插入图像按钮。

图 13-22　"选择图像源文件"对话框

（14）完成表单制作后切换到css.css文件中，创建如图13-23所示的CSS规则，回到"设计"视图中查看页面效果，如图13-24所示。

```
▼#form1{
    margin-top:10px;
}
▼#textfield{
    border:solid #06c 1px;
}
▼#imageField{
    margin:2px 50px 0px 0px;
}
```

图 13-23　表单各对象的 CSS 规则

图 13-24　应用规则后的页面效果

（15）选择"插入"→Div命令，弹出"插入Div"对话框，在"插入"组合框中选择"在标签后"，在右侧选择"<div id="top2-1">"，在ID组合框中输入top2-2，如图13-25所示，单击"确定"按钮，在top2-1层后插入top2-2层。切换到div.css文件中，创建如图13-26所示的CSS规则，页面效果如图13-27所示。

图 13-25　插入 top2-2 层

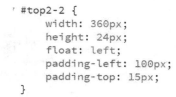

```
#top2-2 {
    width: 360px;
    height: 24px;
    float: left;
    padding-left: 100px;
    padding-top: 15px;
}
```

图 13-26　top2-2 层的 CSS 代码

图 13-27　插入 top2-2 层后的页面效果

3. 制作网页 main 层

（1）选择"插入"→Div命令，弹出"插入Div"对话框，设置如图13-28所示，单击"确定"按钮，在top层后插入main层。切换到div.css文件中，创建一个名称为#main的CSS规则，如图13-29所示。

图 13-28　插入 main 层对话框

```
#main {
    width: 940px;
    height: 448px;
}
```

图 13-29　main 层的 CSS 代码

（2）将 main 层中的文字删除，选择"插入"→Div 命令，弹出"插入 Div"对话框，设置如图 13-30 所示，单击"确定"按钮，在 main 层里面插入 main-left 层。切换到 div.css 文件中，创建一个名称为#main-left 的 CSS 规则，如图 13-31 所示。

图 13-30　插入 main-left 层对话框

```
#main-left{
    width:204px;
    height:413px;
    float:left;
}
```

图 13-31 main-left 层的 CSS 代码

（3）将 main-left 层中的文字删除，选择"插入"→Div 命令，弹出"插入 Div"对话框，设置如图 13-32 所示的效果，单击"确定"按钮，在 main-left 层里面插入 main-left-top 层。切换到 div.css 文件中，创建一个名称为#main-left-top 的 CSS 规则，如图 13-33 所示。

图 13-32　插入 main-left-top 层对话框

```
#main-left-top{
    width:204px;
    height:193px;
    background-image:url(../image/24103.gif);
    background-repeat:no-repeat;
    padding-top:35px;
    border-bottom:dashed #666 1px;
}
```

图 13-33　main-left-top 层的 CSS 代码

（4）删除 main-left-top 层中的文字，输入"纪念收藏"等相应的文本内容，选中输入的文字，单击"属性"面板中的"项目列表"按钮。切换到 div.css 中，创建一个名称为#main-left-top li 的 CSS 规则，如图 13-34 所示。

再切换到 css.css 文件中，创建一个名称为.font01 的规则，如图 13-35 所示。

```
▼ #main-left-top li{
    margin-left:10px;
    background-image:url(../image/24104.gif);
    background-repeat:no-repeat;
    line-height:20px;
    padding-left:20px;
    list-style-type:none;
    background-position:5px 5px;
}
```

图 13-34　main-left-top li 的 CSS 规则

```
.font01 {
    font-weight: bold;
}
```

图 13-35　.font01 的 CSS 规则

把该规则应用到每一行文字。效果如图 13-36 所示。

（5）选择"插入"→Div 命令，弹出"插入 Div"对话框，在 main-left-top 层后插入 main-left-bottom 层，切换到 div.css 文件中，创建一个名称为#main-left-top 的 CSS 规则，如图 13-37 所示。

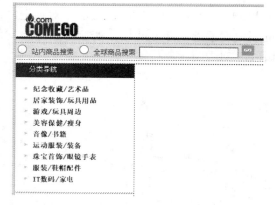

图 13-36　应用规则后的项目列表

```
#main-left-bottom{
    width:189px;
    height:172px;
    padding-left:15px;
    padding-top:10px;
    line-height:17px;
    border-bottom:dashed #666 1px;
}
```

图 13-37　main-left-bottom 层的 CSS 规则

删除 main-left-bottom 层中的文字，输入"购物车说明"等文字。切换到 css.css 文件中，创建一个名称为.font02 的规则，如图 13-38 所示。应用规则到"购物车说明"和"国际代购说明"两行文字上。

（6）选择"插入"→Div 命令，弹出"插入 Div"对话框，在 main-left 层后（右边）插入 main-main 层，切换到 div.css 文件中，创建一个名称为#main-main 的 CSS 规则，如图 13-39 所示。

```
.font02 {
    color: #c00;
    font-weight: bold;
}
```

图 13-38　.font02 的 CSS 规则

```
#main-main{
    width:516px;
    height:424px;
    margin-left:8px;
    float:left;
}
```

图 13-39　main-main 层的 CSS 规则

（7）删除 main-main 层中的文字，选择"插入"→image 命令，插入 images\24105.gif 图像到 main-main 层中。

（8）选择"插入"→Div 命令，弹出"插入 Div"对话框，在图像后（下方）插入 main-main-center 层，切换到 div.css 文件中，创建一个名称为#main-main-center 的 CSS 规则，如图 13-40 所示。

删除 main-main-center 中的文字，输入相应的文字，并应用.font01 样式。

（9）选择"插入"→Div 命令，弹出"插入 Div"对话框，在 main-main-center 层后插入 main-main-bottom 层，切换到 div.css 文件中，创建一个名称为#main-main--bottom 的 CSS 规则，如图 13-41 所示。

```
#main-main-center{
    width:496px;
    height:14px;
    margin-top:5px;
    padding-left:20px;
}
```

图 13-40　main-main-center 层的 CSS 规则

```
#main-main-bottom{
    width:495px;
    height:208px;
    background-image:url(../image/24106.gif);
    background-repeat:no-repeat;
    margin-top:10px;
    padding-left:20px;
}
```

图 13-41　main-main-bottom 层的 CSS 规则

（10）删除 main-main-bottom 层中的文字，选择"插入"→Div 命令，弹出"插入 Div"对话框，在 main-main--bottom 层中插入分别插入 main-main-bottom-1 层、main-main-bottom-2 层、main-main-bottom-3 层和 main-main-bottom-4 层，切换到 div.css 文件中，为这四层创建统一的 css 规则，如图 13-42 所示，页面效果如图 13-43 所示。

```
#main-main-bottom-1,#main-main-bottom-2,
#main-main-bottom-3,#main-main-bottom-4{
    width:122px;
    height:188px;
    float:left;
    text-align:center;
    padding-top:20px;
    line-height:18px;
}
```

图 13-42　main-main-bottom-1 等四个层的 CSS 规则

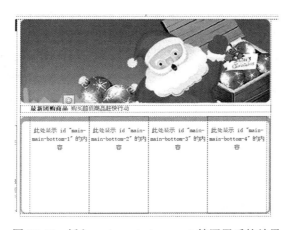

图 13-43　插入 main-main-bottom-1 等四层后的效果

（11）将 main-main-bottom-1 层中的文字删除，选择"插入"→image 命令，插入 images\24109.gif 图像。在图像下输入相应的文字内容，并应用.font01 规则到第一行文字。使用相同的方法完成其他各层的制作，页面效果如图 13-44 所示。

图 13-44　页面效果

（12）选择"插入"→Div 命令，弹出"插入 Div"对话框，在 main-main 层后插入 main-right 层，切换到 div.css 文件中，创建一个名称为#main-right 的 CSS 规则，如图 13-45 所示。

（13）删除 main-right 层中的文字，选择"插入"→Div 命令，弹出"插入 Div"对话框，在 main-right 层中插入 main-right-top 层，切换到 div.css 文件中，创建一个名称为#main-right-top 的 CSS 规则，如图 13-46 所示。

```
#main-right{
    width:204px;
    height:432px;
    float:left;
    margin-left:8px;
}
```

图 13-45　main-right 层的 CSS 规则

```
#main-right-top{
    width:199px;
    height:105px;
    background-image:url(../image/24107.gif);
    background-repeat:no-repeat;
    padding-top:30px;
    padding-left:5px;
    line-height:18px;
}
```

图 13-46 main-right-top 层的 CSS 规则

删除 main-right-top 层中的文字，输入相应的文字内容。

（14）选择"插入"→Div 命令，弹出"插入 Div"对话框，在 main-right-top 层后插入 main-right-center 层，切换到 div.css 文件中，创建一个名称为#main-right-center 的 CSS 规则，如图 13-47 所示。

```
#main-right-center{
    width:191px;
    height:265px;
    background-image:url(../image/24108.gif);
    background-repeat:no-repeat;
    padding-top:32px;
    padding-left:13px;
    line-height:18px;
}
```

图 13-47　main-right-center 层的 CSS 规则

删除 main-right-center 层中的文字，输入相应的文本内容，切换到 css.css 文件中，创建一个名称为.font03 的 CSS 规则，如图 13-48 所示，对相应的文本内容应用.font03 样式。

4．制作 center 层

（1）选择"插入"→Div 命令，弹出"插入 Div"对话框，在 main 层后插入 center 层，切换到 div.css 文件中，创建一个名称为# center 的 CSS 规则，如图 13-49 所示。

```
.font03 {
    color: #c00;
}
```

图 13-48　.font03 的 CSS 规则

```
#center{
    width:939px;
    height:580px;
}
```

图 13-49 center 层的 CSS 规则

（2）删除 center 层中的文字，选择"插入"→Div 命令，弹出"插入 Div"对话框，在 center 层中插入 center-top 层，切换到 div.css 文件中，创建一个名称为# center-top 的 CSS 规则，如图 13-50 所示。

删除 center-top 层的文字，单击"插入"→Image 命令，插入 images\241113.gif 图像。

（3）单击"插入"→Div 命令，弹出"插入 Div"对话框，在 center-top 层后插入 center-main 层，切换到 div.css 文件中，创建一个名称为# center-main 的 CSS 规则，如图 13-51 所示。

```
#center-top{
    width:939px;
    height:98px;
    text-align:center;
}
```

图 13-50 center-top 层的 CSS 规则

```
#center-main{
    width:939px;
    height:164px;
    margin-top:6px;
}
```

图 13-51 center-main 层的 CSS 规则

（4）删除 center-main 层中的文字，选择"插入"→Div 命令，弹出"插入 Div"对话框，在 center-main 层中插入 center-main-1 层，切换到 div.css 文件中，创建一个名称为# center-main-1 的 CSS 规则，如图 13-52 所示。

```
#center-main-1{
    width:449px;
    height:164px;
    float:left;
    background-image:url(../image/24114.gif);
    background-repeat:no-repeat;
}
```

图 13-52　center-main-1 层的 CSS 规则

（5）删除 center-main-1 层中的文字，选择"插入"→Div 命令，弹出"插入 Div"对话框，在 center-main-1 层中插入 center-main-1-left 层，切换到 div.css 文件中，创建一个名称为# center-main-1-left 的 CSS 规则，如图 13-53 所示。

删除 center-main-1-left 层中的文字，在里面插入 images\24116.gif 图像，切换到 css.css 文件，创建一个名称为#center-main-1-left img 的规则，如图 13-54 所示，在图像后面输入相应文字。

```
#center-main-1-left{
    width:210px;
    height:142px;
    float:left;
    padding-top:22px;
    padding-left:30px;
    padding-right:20px;
    line-height:26px;
}
```

图 13-53　center-main-1-left 层的 CSS 规则

```
#center-main-1-left img{
    float:right;
}
```

图 13-54　center-main-1-left img 的 CSS 规则

（6）使用相同的方法，在 center-main-1-left 层后插入#center-main-1-right 层，其 CSS 规则如图 13-55 所示。

删除 center-main-1-right 层中的文字，在里面插入 images\24117.gif 图像，切换到 css.css 文件，创建一个名称为#center-main-1-right img 的规则，如图 13-56 所示，在图像后面输入相应文字。

```
#center-main-1-right{
    width:169px;
    height:114px;
    float:left;
    padding-top:50px;
    padding-left:10px;
    padding-right:10px;
    line-height:22px;
    }
```

```
#center-main-1-right img{
    float:right;
    }
```

图 13-55　center-main-1-right 层的 CSS 规则　　　图 13-56　center-main-1-rightimg 的 CSS 规则

（7）根据步骤（4）～（6）的制作方法完成 center-main-2 层及其中各层的制作，其 CSS 规则如图 13-57 所示。

（8）根据 center-main 层的制作方法在 center-main 层后完成 center-bottom 层的制作，其 CSS 规则代码如图 13-58 所示。

```
#center-main-2{
    width:450px;
    height:164px;
    float:left;
    margin-left:40px;
    background-image:url(../image/24115.gif);
    background-repeat:no-repeat;
    }
#center-main-2-left{
    width:212px;
    height:119px;
    line-height:26px;
    padding-top:45px;
    padding-left:30px;
    padding-right:20px;
    float:left
    }
#center-main-2-right{
    width:168px;
    height:109px;
    float:left;
    line-height:22px;
    padding-top:55px;
    padding-left:10px;
    padding-right:10px;
    }
#center-main-2-left img{
    float:right;
    }
#center-main-2-right img{
    float:right;
    }
```

图 13-57　center-main-2 层及其中各层的 CSS 规则

```
#center-bottom{
    width:939px;
    height:302px;
    margin-top:10px;
    background-image:url(../image/24120.gif);
    background-repeat:no-repeat;
    }
#center-bottom-1{
    width:239px;
    height:211px;
    float:left;
    text-align:center;
    padding-top:90px;
    }
#center-bottom-2{
    width:171px;
    height:231px;
    float:left;
    background-image:url(../image/24124.gif);
    background-repeat:no-repeat;
    background-position:5px 15px;
    padding-top:70px;
    padding-left:30px;
    line-height:22px;
    }
#center-bottom-3{
    width:244px;
    height:286px;
    float:left;
    padding-left:15px;
    padding-top:15px;
    }
#center-bottom-4{
    width:176px;
    height:226px;
    float:left;
    padding-top:75px;
    padding-left:55px;
    line-height:18px;
    }
#center-bottom-1 img{
    margin-top:15px;
    }
#center-bottom-3 img{
    margin-top:8px;
    }
#center-bottom-4 img{
    margin-bottom:10px;
    }
```

图 13-58　center-bottom 层的 CSS 规则

5.　bottom 层的制作

在 center 层后插入 bottom 层，根据前面层的制作方法完成 bottom 层的制作，其 CSS 规则代码如图 13-59 所示。

```
#bottom{
    width:939px;
    height:111px;
    }
#bottom-1{
    width:930px;
    height:26px;
    background-image:url(../image/24134.gif);
    background-repeat:no-repeat;
    background-position:0px 6px;
    padding-top:15px;
    padding-left:10px;
    line-height:20px;
    }
#bottom-2{
    width:940px;
    height:55px;
    line-height:18px;
    padding-top:15px;
    }
#bottom-1 img{
    float:right;
    margin-right:55px;
    }

#bottom-2 img{
    float:left;
    margin-left:50px;
    margin-right:75px;
    }
```

图 13-59　bottom 层的 CSS 规则

至此，电子商务网站首页制作完毕。

第 14 章　网站制作综合实例（二）

本章通过一个综合实例详细介绍网站的设计和建立过程，锻炼综合运用所学网页设计和制作知识的能力。

● 　锻炼综合运用网页设计和制作知识的能力。

制作一个教育类网站，包含以下几个栏目：首页、学校社团、校园生活、校内公告、校园论坛等，效果如图 14-1 所示。

图 14-1　网页最终效果

14.1　建站分析

教育类网站在设计时应体现出教书育人的氛围，所以在设计时以冷色调为主，表现校园中青春活力的气氛，但整个页面不宜过大，这样才方便浏览者浏览信息。

本例采用类似"国"字形的布局方式，顶层是网站的导航部分，主体层是页面的主题部分，底层则是网站中的一些基本信息。

14.2　建站步骤

14.2.1　建站

选择"站点"→"新建站点"命令，弹出"站点设置对象"对话框，设置"站点名称"为"教育"，"本地站点文件夹"为 D:\jy，单击"保存"按钮。

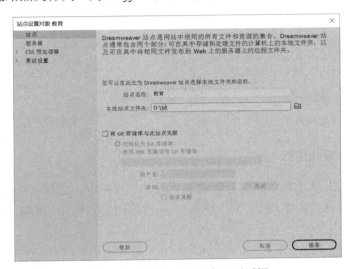

图 14-2　"站点设置对象"对话框

14.2.2　创建网页文档和 CSS 样式表文件

（1）选择"文件"→"新建"命令，弹出"新建文档"对话框，新建一个空白的 HTML 页面，设置如图 14-3 所示，并保存为 14-1.html。

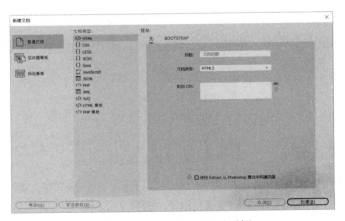

图 14-3　"新建文档"对话框

（2）创建两个外部 CSS 样式表文件，保存为 css.css 和 div.css。选择"窗口"→"CSS 设计器"命令，打开"CSS 设计器"面板，单击"添加 CSS 源"按钮，在下拉菜单中选择"附加现有的 CSS 文件"选项，弹出"使用现有的 CSS 文件"对话框，如图 14-4 所示，分别将 css.css 和 div.css 文件链接到文档。

（3）切换到 css.css 文件中，创建一个名称为 body 的 CSS 规则，如图 14-5 所示，再创建一个名称为*的 CSS 规则，如图 14-6 所示。

图 14-4　"使用现有的 CSS 文件"对话框

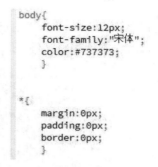

图 14-5　body 和*的 CSS 代码

14.2.3　制作网页的顶部

（1）返回 14-1.html 文件中，将光标移至"设计"视图中，选择"插入"→Div 命令，弹出"插入 Div"对话框，在 ID 组合框中输入 top，如图 14-6 所示，单击"确定"按钮，在网页中插入 top 层。

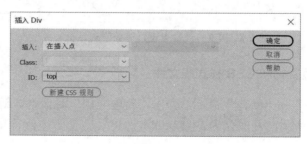

图 14-6　"插入 Div"对话框

（2）切换到 div.css 文件中，创建一个名称为#top 的 CSS 规则，如图 14-7 所示。

```
#top{
    width:975px;
    height:300px;
}
```

图 14-7　top 层的 CSS 代码

（3）返回"设计"视图，将光标移至 top 层，删除层中的文字，选择"插入"→HTML →Flash SWF 命令，弹出"选择 SWF"对话框，选择 images 文件夹下的 top.swf 文件，如图 14-8 所示，即把 top.swf 文件插入到了网页中。

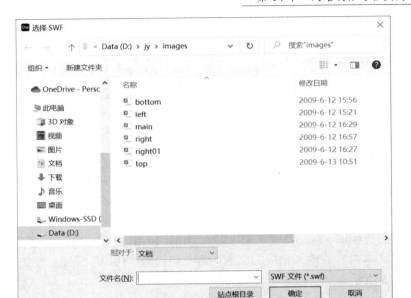

图 14-8　"选择 SWF"对话框

14.2.4　制作网页的主体部分

（1）在 top 层后插入 main 层：选择"插入"→Div 命令，弹出"插入 Div"对话框，在 ID 组合框中输入 main，单击"确定"按钮，在 top 层后插入 main 层，切换到 div.css 文件中，创建一个名称为#main 的 CSS 规则，如图 14-9 所示。

（2）制作网页主体的左边部分：返回"设计"视图，将光标移至 main 层，删除层中的文字，选择"插入"→Div 命令，在 main 层中插入 main-left 层；将页面切换到 div.css 文件中，创建#main-left 的 CSS 规则，代码如图 14-10 所示；在 main-left 层中插入 images 文件夹下的 Flash 动画 left.swf，设置该动画的 wmode 属性为"透明"。

```
#main{
    width:975px;
    height:554px;
    position:absolute;
    top:147px;
}
```

图 14-9　main 层的 CSS 代码

```
#main-left{
    width:245px;
    height:440px;
    float:left;
    margin-left:30px;
    margin-top:30px;
}
```

图 14-10　main-left 层的 CSS 代码

（3）制作网页主体的中间部分。

1）在 main-left 层后插入 main-main 层，然后将页面切换到 div.css 文件，创建一个名称为#main-main 的 CSS 规则，如图 14-11 所示。

2）返回"设计"视图，将光标移至 main-main 层，删除层中的文字，选择"插入"→Div 命令，在 main-main 层中插入 main-main-1 层。将页面切换到 div.css 文件中，创建#main-main-1 的 CSS 规则，如图 14-12 所示。

```
#main-main{
    width:354px;
    height:377px;
    float:left;
    margin-left:35px;
    margin-top:35px;
}
```

图 14-11　main-main 层的 CSS 代码

```
#main-main-1{
    width:354px;
    height:45px;
    background-image:url(images/14201.gif);
    background-repeat:no-repeat;
    background-position:left top;
    border-bottom:#d4ded4 solid 1px;
}
```

图 14-12　main-main-1 层的 CSS 代码

3）选择"插入"→Image 命令，将 images/14202.gif 插入到 main-main-1 层中，将页面切换到 div.css 文件中，创建一个名称为#main-main-1 img 的 CSS 规则，如图 14-13 所示。

4）选择"插入"→Div 命令，在 main-main-1 层后面插入 main-main-2 层，将页面切换到 div.css 文件中，创建#main-main-2 的 CSS 规则，如图 14-14 所示。将光标移至 main-main-2 层中，删除多余的文本内容并输入相应的文本内容，切换到"代码"视图，添加相应的列表标签代码，如图 14-15 所示。

```
#main-main-1 img{
    float:right;
    margin:25px 5px 0px 0px;
}
```

图 14-13　main-main-1 层中图像的 CSS 代码

```
#main-main-2{
    width:354px;
    height:190px;
    margin-top:10px;
}
```

图 14-14　main-main-2 层中图像的 CSS 代码

```
<dl>
<dt>客商研究院成立旅游电商与生态经济研究中心</dt>
<dd>(05-24)</dd>
<dt>我院教师赴汉参加首届"众创空间"...</dt>
<dd>(05-23)</dd>
<dt>客商宋文韬先生受聘我校兼职教师</dt>
<dd>(05-16)</dd>
<dt>我院启动2016届毕业生论文答辩工作</dt>
<dd>(05-14)</dd>
<dt>第三届客商大讲堂日前举办</dt>
<dd>(05-03)</dd>
<dt>2016年岭南经济论坛征文启事</dt>
<dd>(04-30)</dd>
<dt>何日胜主持项目获省级立项</dt>
<dd>(04-20)</dd>
<dt>"客商孵育工程"研修班拜访深圳校友</dt>
<dd>(04-11)</dd>
<dt>我院教师编著教材获得校级优秀教材一等奖</dt>
<dd>(03-23)</dd>
</dl>
```

图 14-15　添加列表标签代码

5）将页面切换到 div.css 文件，创建名称为#main-main-2 dt 和#main-main-2 dd 的 CSS 规则，如图 14-16 所示。

6）在 main-main-2 层后面插入 main-main-3 层，切换到 div.css 文件，创建#main-main-3 层的 CSS 规则，如图 14-17 所示；返回"设计"视图，删除层中的文字，插入 images 文件夹中的 Flash 动画 main.swf。

```
#main-main-2 dt{
    width:275px;
    background-image:url(images/14203.gif);
    background-repeat:no-repeat;
    background-position:left center;
    padding-left:15px;
    line-height:21px;
    float:left;
    }

#main-main-2 dd{
    width:64px;
    line-height:21px;
    float:left;
}
```

图 14-16　dt 和 dd 的 CSS 规则

```
#main-main-3 {
    width:354px;
    height:90px;
    margin-top:30px;
}
```

图 14-17　main-main-3 层的 CSS 代码

（4）制作网页主体的右边部分。

1）使用相同的方法制作 main-right 层，CSS 代码如图 14-18 所示。

2）删除 main-right 层中的文字，插入 main-right-1 层，其 CSS 代码如图 14-19 所示；删除层中的文字，插入 images 文件夹中的 right.swf。

```
#main-right {
    width:200px;
    height:300px;
    float:left;
    margin-left:62px;
    margin-top:6px;
}
```

图 14-18　main-right 层的 CSS 代码

```
#main-right-1 {
    width:147px;
    height:127px;
    margin-left:18px;
}
```

图 14-19　main-right-1 层的 CSS 代码

3）在 main-right-1 层后插入 main-right-2 层，CSS 代码如图 14-20 所示；删除层中的文字，插入 images 文件夹中的 14204.gif。

4）在 main-right-2 层后插入 main-right-3 层，CSS 代码如图 14-21 所示；删除层中的文字，插入 images 文件夹中的 right01.swf。

```
#main-right-2 {
    width:147px;
    height:50px;
    margin-left:18px;
    text-align: center;
}
```

图 14-20　main-right-2 层的 CSS 代码

```
#main-right-3 {
    width:195px;
    height:70px;
}
```

图 14-21　main-right-3 层的 CSS 代码

14.2.5　制作网页的底部

（1）在 main 层后插入 bottom 层，将页面切换到 div.css 文件，创建一个名称为#bottom 的 CSS 规则，如图 14-22 所示。

（2）返回"设计"视图，将光标置于 bottom 层中，删除文字，插入 bottom-1 层，切换到 div.css 文件，创建一个名称为#bottom-1 的 CSS 规则，如图 14-23 所示；返回"设计"视图，插入 images/bottom.swf 文件，设置 wmode 属性为透明。

```
#bottom {
    width:975px;
    height:260px;
    position:relative;
    top:145px;
}
```

图 14-22　bottom 层的 CSS 代码

```
#bottom-1 {
    width:720px;
    height:200px;
    float:right;
}
```

图 14-23　bottom-1 层的 CSS 代码

（3）在 bottom-1 层后插入 bottom-2 层，切换到 div.css 文件，创建一个名称为#bottom-2 的 CSS 规则，如图 14-24 所示。

```
#bottom-2 {
    width:850px;
    height:45px;
    float:right;
    background-image:url(images/14205.gif);
    background-repeat:no-repeat;
    margin-left:80px;
    padding-top:15px;
    padding-left:45px;
}
```

图 14-24　bottom-2 层的 CSS 代码

（4）删除层中的文字，选择"插入"→"表单"→"表单"命令，在 bottom-2 层中插入表单域；光标定位在表单域中，选择"插入"→"表单"→"选择"命令插入选择域，删除前方的文字，将页面切换到 div.css 文件，创建一个名称为#jumpMenu 的 CSS 规则，如图 14-25 所示；返回"设计"视图，选定选择域，修改"属性"面板中的"Name"属性为 jumpMenu，单击"列表值"按钮，弹出"列表值"对话框，在其中输入相应项目标签和值，如图 14-26 所示，单击"确定"按钮；打开"行为"面板，为该选择域添加"跳转菜单"行为，如图 14-27 所示，单击"确定"按钮。采用同样的方法添加另一个选择域 jumpMenu2，其 CSS 代码如图 14-28 所示。

```
#jumpMenu {
    width:100px;
    height:20px;
    float:left;
}
```

图 14-25　jumpMenu 的 CSS 代码

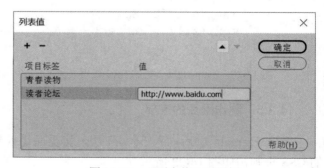

图 14-26　"列表值"对话框

图 14-27　"跳转菜单"对话框

```
#jumpMenu2 {
    width:100px;
    height:20px;
    float:left;
    margin-right:50px;
    margin-left:5px;
}
```

图 14-28　jumpMenu2 的 CSS 代码

（5）将光标移至第二个选择域的右侧，输入相应文本，切换到代码视图，添加相应的列表标签代码，如图 14-29 所示；切换到 div.css 文件，创建一个名称为#bottom-2 li 的 CSS 规则，如图 14-30 所示。

```
<ul>
<li>网站首页</li>
<li>院系设置</li>
<li>站长访谈</li>
<li>学院信箱</li>
<li>联系我们</li>
</ul>
```

图 14-29　文本的列表标签代码

```
#bottom-2 li {
    float:left;
    width:60px;
    line-height:18px;
    list-style:none;
    text-align:center;
    margin-top:4px;
}
```

图 14-30 #bottom-2 li 的 CSS 代码

至此，网页制作完成。

参考文献

[1]   胡仁喜，康士廷. Dreamweaver 2021 中文版标准实例教程[M]. 北京：机械工业出版社，2021.

[2]   胡仁喜，杨雪静. Dreamweaver 2021 中文版入门与提高实例教程[M]. 北京：机械工业出版社，2021.

[3]   于莉莉，刘越，苏晓光. Dreamweaver CC 2019 网页制作实例教程（微课版）[M]. 北京：清华大学出版社，2019.

[4]   Jim Maivald 著. Adobe Dreamweaver CC 2019 经典教程[M]. 姚军，徐长宝，译. 北京：人民邮电出版社，2019.

[5]   李继先. Dreamweaver CS4 完全自学攻略[M]. 北京：电子工业出版社，2009.

[6]   马占欣，李亚，李巍，等. 网页设计与制作[M]. 2 版. 北京：中国水利水电出版社，2013.

[7]   齐建玲，杨艳杰，等. 网页设计与制作实用技术[M]. 2 版. 北京：中国水利水电出版社，2012.

[8]   任正云，赖玲，严永松，等. 网页设计与制作[M]. 2 版. 北京：中国水利水电出版社，2015.